编 委 会

高职高专项目导向系列教材

自动生产线安装与调试

刘　彬　主编
郝万新　主审

化学工业出版社
·北京·

本教材以自动生产线实训设备为实施载体，通过对 S7-200PLC、西门子 MM420 变频器、步进电机及其驱动技术、气动应用技术、传感技术等的综合应用，培养学生的自动检测技术、气动技术、可编程控制器编程、网络组建、电气控制、变频器使用与设置、电机驱动和位置控制、机械安装与调试、系统维护与检修、触摸屏组态等技术的应用能力。

教材突出集知识学习、技能训练、考核评价融为一体的特点。本书可作为高职机电一体化专业、自动化技术类专业教材，也可以作为从事自动生产线类企业员工技能培训教材。

图书在版编目（CIP）数据

自动生产线安装与调试/刘彬主编. —北京：化学工业出版社，2012.8（2025.2重印）
高职高专项目导向系列教材
ISBN 978-7-122-14832-2

Ⅰ.①自… Ⅱ.①刘… Ⅲ.①自动生产线-安装-高等职业教育-教材②自动生产线-调试-高等职业教育-教材 Ⅳ.①TP278

中国版本图书馆 CIP 数据核字（2012）第 158892 号

责任编辑：廉　静　　　　　　　　　　文字编辑：张燕文
责任校对：王素芹　　　　　　　　　　装帧设计：刘丽华

出版发行：化学工业出版社（北京市东城区青年湖南街 13 号　邮政编码 100011）
印　　装：北京科印技术咨询服务有限公司数码印刷分部
787mm×1092mm　1/16　印张 9　字数 227 千字　2025 年 2 月北京第 1 版第 4 次印刷

购书咨询：010-64518888　　　　　　　售后服务：010-64518899
网　　址：http://www.cip.com.cn
凡购买本书，如有缺损质量问题，本社销售中心负责调换。

定　　价：26.00 元

序

辽宁石化职业技术学院是于 2002 年经辽宁省政府审批，辽宁省教育厅与中国石油锦州石化公司联合创办的与石化产业紧密对接的独立高职院校，2010 年被确定为首批"国家骨干高职立项建设学校"。多年来，学院深入探索教育教学改革，不断创新人才培养模式。

2007 年，以于雷教授《高等职业教育工学结合人才培养模式理论与实践》报告为引领，学院正式启动工学结合教学改革，评选出 10 名工学结合教学改革能手，奠定了项目化教材建设的人才基础。

2008 年，制定 7 个专业工学结合人才培养方案，确立 21 门工学结合改革课程，建设 13 门特色校本教材，完成了项目化教材建设的初步探索。

2009 年，伴随辽宁省示范校建设，依托校企合作体制机制优势，多元化投资建成特色产学研实训基地，提供了项目化教材内容实施的环境保障。

2010 年，以戴士弘教授《高职课程的能力本位项目化改造》报告为切入点，广大教师进一步解放思想、更新观念，全面进行项目化课程改造，确立了项目化教材建设的指导理念。

2011 年，围绕国家骨干校建设，学院聘请李学锋教授对教师系统培训"基于工作过程系统化的高职课程开发理论"，校企专家共同构建工学结合课程体系，骨干校各重点建设专业分别形成了符合各自实际、突出各自特色的人才培养模式，并全面开展专业核心课程和带动课程的项目导向教材建设工作。

学院整体规划建设的"项目导向系列教材"包括骨干校 5 个重点建设专业（石油化工生产技术、炼油技术、化工设备维修技术、生产过程自动化技术、工业分析与检验）的专业标准与课程标准，以及 52 门课程的项目导向教材。该系列教材体现了当前高等职业教育先进的教育理念，具体体现在以下几点：

在整体设计上，摒弃了学科本位的学术理论中心设计，采用了社会本位的岗位工作任务流程中心设计，保证了教材的职业性；

在内容编排上，以对行业、企业、岗位的调研为基础，以对职业岗位群的责任、任务、工作流程分析为依据，以实际操作的工作任务为载体组织内容，增加了社会需要的新工艺、新技术、新规范、新理念，保证了教材的实用性；

在教学实施上，以学生的能力发展为本位，以实训条件和网络课程资源为手段，融教、学、做为一体，实现了基础理论、职业素质、操作能力同步，保证了教材的有效性；

在课堂评价上，着重过程性评价，弱化终结性评价，把评价作为提升再学习效能的反馈工具，保证了教材的科学性。

目前，该系列校本教材经过校内应用已收到了满意的教学效果，并已应用到企业员工培训工作中，受到了企业工程技术人员的高度评价，希望能够正式出版。根据他们的建议及实际使用效果，学院组织任课教师、企业专家和出版社编辑，对教材内容和形式再次进行了论证、修改和完善，予以整体立项出版，既是对我院几年来教育教学改革成果的一次总结，也希望能够对兄弟院校的教学改革和行业企业的员工培训有所助益。

感谢长期以来关心和支持我院教育教学改革的各位专家与同仁，感谢全体教职员工的辛勤工作，感谢化学工业出版社的大力支持。欢迎大家对我们的教学改革和本次出版的系列教材提出宝贵意见，以便持续改进。

辽宁石化职业技术学院　院长

2012 年春于锦州

前 言

自动生产线安装与调试是针对自动生产线实训设备开发的工程应用性与操作性较强的能力训练课程。

本教材是在以自动生产线实训设备为实施载体，基于生产过程系统化理论重新构建机电一体化课程体系的基础上编写的"教学做一体化"教材。

教学实施过程以"项目导向"开展教学，通过对 S7-200PLC、西门子 MM420 变频器、步进电机及其驱动技术、气动应用技术、传感技术等的综合应用，培养学生的自动检测技术、气动技术、可编程控制器编程、网络组建、电气控制、变频器使用与设置、电机驱动和位置控制、机械安装与调试、系统维护与检修、触摸屏组态等技术的应用能力。

教材一共设置 7 个完整学习情境，每个情境设置 2 个实施任务，任务实施由简单到复杂、循序渐进，最后形成完整自动生产线控制系统。每个任务的任务描述、知识链接、技能训练和突出项目实施的知识点与技能点的考核评价，每个任务的知识学习、技能训练、考核评价融为一体。

通过技能训练培养学生从事自动生产线系统安装、设计、维护的基本职业能力，同时培养学生诚实、守信、团结协作、爱岗敬业的职业道德和职业素质。

全书共分为 7 个部分，由辽宁石化职业技术学院刘彬担任主编，杨洪升担任副主编，刘彬编写了学习情境 1~4；杨洪升编写了学习情境 5、6；张皓编写了学习情境 7。郝万新担任本书主审，在此表示衷心的感谢。

感谢学院领导与同仁对自动生产线安装与调试课程建设的大力指导，感谢浙江天煌科技实业有限公司段成勇、杨勋对教材编写给予的技术支持。

由于编者经验不足，水平有限，书中不当之处恳请读者批评指正。

编　者

2012 年

目录

自动生产线主从式控制系统构建

【情境描述】

THJDAL-2 自动生产线由 5 个工作单元（工作站）构成，完成物料组件自动装配与分拣。每个工作单元由一台 PLC 承担控制任务，各工作站的 PLC 之间通过 RS485 串行通信构成分布式控制系统，实现各工作站协调工作。

通过认知 THJDAL-2 型自动生产线基本控制器件，了解其结构组成、基本功能、控制特点等，依据其装配工艺过程，全面掌握自动生产线的组成、控制功能、构建整体网络控制模式是自动生产线单元编程、调试和整体系统调试的基础。THJDAL-2 型自动生产线外观如图 1-1 所示。

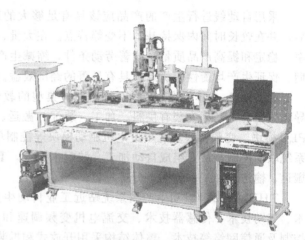

图 1-1　THJDAL-2 型自动生产线外观

任务 1　自动生产线认知

【任务描述】

要求学生了解 THJDAL-2 型自动生产线系统组成及其系统功能；掌握 THJDAL-2 型自动生产线供电系统、电源系统及其气动系统的特点。

【知识链接】

自动生产线是由物料传送系统和控制系统将一组自动机床和辅助设备按照工艺顺序连接起来，自动完成产品全部或部分制造过程的生产系统，简称自动线。图 1-2 所示为汽车模压全自动生产线，图 1-3 所示为直线式电镀自动生产线。

自动线包括产品的输送、组装、测试、包装、自动化控制等单元系统，是集机械技术、PLC 技术、传感器技术、液压与气动技术、通信技术、驱动技术以及网络技术于一体的系统工程，它又可以细分为皮带输送线、滚筒输送线、链式输送线、链板输送线、悬挂输送线等。

机械制造业中有铸造、锻造、冲压、热处理、焊接、切削加工和机械装配等自动线，也有包括不同性质的工序，如毛坯制造、加工、装配、检验和包装等的综合自动线。

图 1-2　汽车模压全自动生产线　　　　图 1-3　直线式电镀自动生产线

采用自动线进行生产的产品应该具有足够大的产量，产品设计及工艺先进、稳定、可靠，并在较长时间内保持基本不变等特点。在大批、大量生产中采用自动线有提高劳动生产率，稳定和提高产品质量，改善劳动条件，缩减生产占地面积，降低生产成本，缩短生产周期，保证生产均衡性等优点，具有显著的经济效益。

THJDAL-2 型自动生产线系统是一种典型的教学训练型机电一体化设备，采用铝合金导轨式平台，其上安装有供料、加工、装配、搬运、分拣等工作站及电源模块、按钮模块、PLC 模块、变频器模块、步进电机驱动模块等控制单元。系统采用 PLC 网络互连技术实现系统联动控制，从而组成自动加工、装配生产线，真实再现工业自动生产线的供料、检测、搬运、输送、加工、装配、分拣过程。

THJDAL-2 型自动生产线系统贴近工业自动生产线现场要求，设备有机融合了机械技术、气动技术、传感器技术、交流电机变频调速和步进电机驱动控制、触摸屏技术、PLC控制及通信网络等技术。整体结构采用开放式和拆装式，具有明显的动手拆装实训功能，可以拆装到各零部件及每颗细小的螺钉。

系统中 PLC 模块 I/O 端子、变频器接线端子、各常用模块接线端子，均采用安全型插座，使用带安全插头的导线进行电路连接；各指令开关、光电开关、传感器和指示元件的电路通过端子排进行连接。

一、THJDAL-2 型自动生产线系统组成与基本功能

THJDAL-2 型自动生产线各单元在工作台上的分布与工作流程如图 1-4 所示。

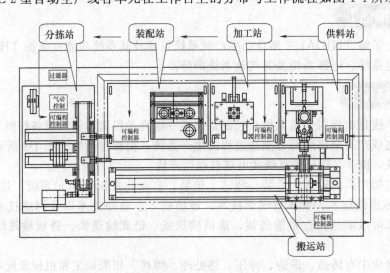

图 1-4　各单元在工作台上的分布与工作流程

五个单元（工作站）的组成与基本功能如下。

1. 供料单元组成及其基本功能

供料单元主要由井式物料库（物料仓）、料槽、顶料气缸、推料气缸、物料台及相应的传感器、电磁阀、安装支架构成。供料单元组装图如图1-5所示。

供料单元的基本功能是系统启动后，根据供料台上有无物料情况，将储藏在物料仓中的待加工物料送到物料台上去，以便搬运单元的搬运机械手把物料搬运到下一个工作单元（加工站）。

2. 加工单元的组成及其基本功能

加工单元主要由物料台、夹紧机械手、物料台伸缩气缸、加工（冲压）气缸以及相应的传感器、电磁阀、安装支架构成。加工单元组装图如图1-6所示。

加工单元的基本功能是完成对物料的冲压加工过程。搬运单元机械手把供料单元物料台待加工物料运送到加工料台上，完成一次冲压加工后，由搬运单元的搬运机械手再将加工好的物料搬运至下一个工作站（装配站）。

3. 装配单元的组成及其基本功能

装配单元主要由物料仓、旋转送料系统、机械手装配系统、导杆气缸、放料台、警示灯以及相应的传感器、电磁阀、安装支架构成。装配单元组装图如图1-7所示。

图1-5 供料单元组装图　　　　图1-6 加工单元组装图　　　　图1-7 装配单元组装图

装配单元的基本功能是完成大小物料的装配过程。当搬运单元搬运机械手将物料运送到装配站放料台上后，将物料仓中的黑色或白色圆柱形小物料嵌入到已加工的物料中，然后搬运单元机械手伸出并抓取物料，并将其送往物料分拣单元。

4. 分拣单元的组成及其基本功能

分拣单元主要由传送带、变频器、三相异步电机、推料气缸、电磁阀、定位光电传感器及区分黑白两种颜色的光纤传感器、安装支架构成。分拣单元组装图如图1-8所示。

分拣单元的基本功能是完成对装配单元传送至分拣单元的装配完毕的物料进行分拣，将不同颜色的物料分拣到不同的料槽中。

5. 搬运单元的组成及其基本功能

搬运单元主要由步进电机、步进驱动器、线性导轨、四自由度搬运机械手、电磁阀、定位开关及安装支架构成。搬运单元组装图如图1-9所示。

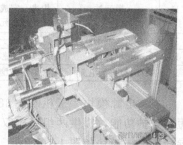

图1-8 分拣单元组装图

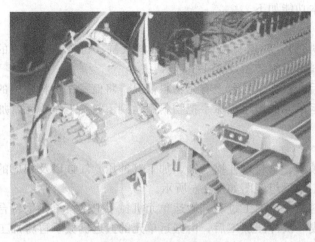

搬运单元的基本功能是完成各个工作单元之间的物料搬运，从而完成整个自动生产线加工过程。系统分为两部分：四自由度机械手单元和直线位移位置精确控制单元。

图1-9 搬运单元组装图

二、THJDAL-2型自动生产线的电气控制

1. 技术性能

（1）输入电源 三相四线（或三相五线）380VAC±10%，50Hz。

（2）工作环境 温度－10～40℃，相对湿度≤85%（25℃），海拔＜4000m。

（3）装置容量 ≤1.5kV·A。

（4）安全保护 具有漏电压、漏电流保护，安全符合国家标准。

2. 电气控制系统组成元件

THJDAL-2型自动生产线电气控制系统组成元件见表1-1。

表1-1 THJDAL-2型自动生产线电气控制系统组成元件

序号	名 称	说 明
1	电源模块	三相电源总开关（带漏电和短路保护）1个，熔断器3个，单相三极电源插座2个，安全插座5个
2	按钮模块	开关电源（24V/6A，12V/5A）各1组，转换开关2个，复位按钮红、黄、绿各1个，自锁按钮红、橙、绿各1个，24V指示灯红、橙、绿各2个，急停按钮1个，蜂鸣器1个
3	变频器模块	西门子MM420，功率≥0.75kW
4	步进电机驱动模块	由步进电机驱动器、指示灯、开关电源等组成
5	PLC模块	西门子CPU222（AC/DC/RLY）、CPU226（AC/DC/DC）、CPU226（DC/DC/DC）
6	触摸屏	西门子Smart line系列中的Smart 700
7	供料站	主要由料仓与料槽、顶料气缸、推料气缸、物料台以及相应的传感器、电磁阀构成。完成物料的自动下料及定位功能
8	加工站	主要由物料台、夹紧机械手、物料台伸出/缩回气缸、加工（冲压）气缸以及相应的传感器、电磁阀构成。完成物料的冲压加工过程
9	装配站	主要由物料仓、旋转送料单元、机械手装配单元、放料台、警示灯以及相应的传感器、电磁阀构成。完成物料的装配过程
10	分拣站	主要由传送带、变频器、三相异步电机、推料气缸、电磁阀、磁性开关、定位光电传感器和区分黑白两种颜色的光纤传感器构成。完成物料的运送、分拣功能
11	搬运站	主要由步进电机、步进驱动器、线性导轨、四自由度搬运机械手、电磁阀和原点定位开关构成。完成向各个工作单元输送物料。系统分为四自由度机械手单元和直线位移位置精确控制单元两部分
12	接线端子排	接线端子排及安全型插座
13	电源线	单相三芯电源线
14	PLC编程电脑	编程电脑及其通信用PC/PPI电缆

（1）电源模块 三相四线380V交流电源经三相电源总开关后给系统供电，具有漏电和短路保护功能，提供两组单相双联暗插座，可以给外部设备、模块供电，同时配有安全连接导线。电源模块如图1-10所示。

（2）按钮模块 提供红、橙、绿三种指示灯（DC24V）；复位、自锁按钮；急停开关；

转换开关；蜂鸣器。提供 24V/6A、12V/5A 直流电源，为外部设备提供直流电源。按钮模块如图 1-11 所示。

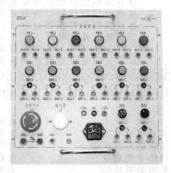

图 1-10　电源模块　　　　　　　　　图 1-11　按钮模块

（3）变频器模块　系统采用西门子 MM420 系列高性能变频器，三相交流 380V 电源供电，输出功率 0.75kW。具有八段速控制制动功能、再试功能以及根据外部 SW 调整频率和记忆功能。具备电流控制保护、跳闸（停止）保护、防止过电流失控保护、防止过电压失控保护。变频器模块如图 1-12 所示。

（4）步进电机驱动器模块　采用工业级步进电机驱动器，直流 24V 供电，安全可靠，且脉冲信号端、方向控制端、紧急制动端、电机输出端等均已引至面板上，开放式设计符合实训安装要求。步进电机模块如图 1-13 所示。

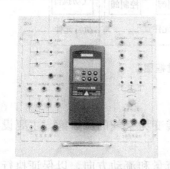

图 1-12　变频器模块　　　　　　　　　图 1-13　步进电机模块

（5）PLC 模块　供料单元、加工单元及分拣单元 PLC 均采用西门子 222DC/DC（继电器输出）主机，内置数字量 I/O（8 点数字量输入/6 点数字量输出）；装配单元 PLC 采用西门子 226 CN DC/DC（继电器输出）主机，内置数字量 I/O（24 点数字量输入/16 点数字量输出）；搬运单元 PLC 采用西门子 CPU226CN（DC/DC/晶体管输出）主机，内置数字量 I/O（16 点数字量输入/24 点数字量输出），具有 2 轴脉冲输出功能。每个 PLC 的输入端均设有输入开关，PLC 的输入/输出接口均连接到面板上，方便用户使用。搬运单元 PLC 端子接线图如图 1-14 所示。

三、THJDAL-2 型自动生产线的气源装置

1. 气动系统的组成

气动（气压传动系统）是一种能量转换系统，其工作原理是利用空气压缩机将电动机或其他原动机输出的机械能转变为空气压力能，然后在控制元件的控制和辅助元件的配合下，通过执行元件把空气的压力能转变为机械能，从而完成直线或回转运动并对外做功。

典型的气压传动系统由气源系统、执行元件、控制元件和辅助元件组成。图 1-15 所示

图 1-14 接线图上半部分端子标注（端子 1～44）：

```
                右右左左
                原原限限限
交交交              分分点点位位位   提提提   缸缸缸   抓抓抓抓
流流流              拣拣行行行行   升升升   左右右   伸伸缩缩夹
电电电              站站程程程程   台台台   转转转   出出回回紧
机机机    PLC PLC  开开开开   下下上   左右右   到到到到   状
U  V  W ⊥ L N  Y4  Y4  关关关关   限限位   位位位   位位位位   态
               正负 正负 正负正负正负正负正负正负正负正负正负正负正负正负正负正负正负
```

1	2	3	4	5	6	7	8	9	10	11	12	13	14	15	16	17	18	19	20	21	22	23	24	25	26	27	28	29	30	31	32	33	34	35	36	37	38	39	40	41	42	43	44

图 1-14 接线图下半部分端子标注（端子 45～88）：

```
回回
提提转转
升升气气手手手手手手                右右左左右右左左
台台缸缸抓抓抓抓抓抓                限限限限限限限限                      步步步
上上左左伸伸夹夹放放                位位位位位位位位                      进进进
升升旋旋出出紧紧松松                继继继继继继继继                      电电电
电电电电电电电电电电                电电电电电电电电                      机机机
磁磁磁磁磁磁磁磁磁磁                器器器器器器器器                      U  V  W
阀阀阀阀阀阀阀阀阀阀  +24V  0V       线线线线触触触触
正负正负正负正负正负               正负正负正负正负  圈圈圈圈点点点点 正负正负正负
```

45	46	47	48	49	50	51	52	53	54	55	56	57	58	59	60	61	62	63	64	65	66	67	68	69	70	71	72	73	74	75	76	77	78	79	80	81	82	83	84	85	86	87	88

图 1-14　搬运单元 PLC CPU226CN（DC/DC/晶体管输出）接线图

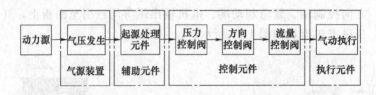

图 1-15　气动系统的组成框图

为气动系统的组成框图。

（1）气压发生装置　用于将原动机输出的机械能转变为空气的压力能，主要设备是空气压缩机。

（2）气压控制元件　用来控制压缩空气的压力、流量和流动方向，以保证执行元件具有一定的输出力和速度，并按执行的程序正常工作，如压力阀、流量阀、方向阀和逻辑阀等。

（3）气压执行元件　用于将空气的压力能转变为机械能的能量转换装置，如各式气缸等。

（4）气压辅助元件　用于辅助保证气动系统正常工作的一些装置，如干燥器、空气过滤器、消声器和油雾器等。

2. 气源装置（气泵）的认知

气源装置以压缩空气作为工作介质，向气动系统提供压缩空气。图 1-16 所示为气泵不同角度图，其主体是空气压缩机，此外还包括压力开关、安全保护器、储油罐、气源开关、压力表、调气阀及进气过滤消声器等。

（1）空气压缩机　把机械能转变为气压能，压缩机端盖起导气和散热的作用。

（2）电动机　将电能转变成机械能提供给压缩机。

（3）压力开关　被调节到一个最高压力时，停止电动机，降低最低压力时，重新激活电动机。

（4）截止球阀　也称安全保护器，当储油罐的压力超过允许限度，可将压缩空气排出单

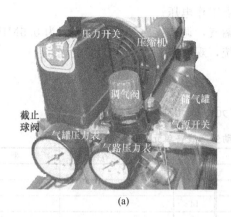

图 1-16　气泵不同角度图

向阀，阻止压缩空气反方向流动。

　　（5）储气罐　储存压缩空气。

　　（6）气源开关　向气路中提供气源的开关，自动生产线工作时必须打开。

　　（7）气罐压力表　显示储气罐内的压力。

　　（8）气路压力表　显示气路压力。

　　（9）调气阀　旋转可以调节气路压力。

　　（10）进气过滤消声器　消声。

　　THJDAL-2 型自动生产线 的气源处理组件实物如图 1-17 所示。气源处理组件是气动控制系统中的基本组成器件，作用是除去压缩空气中所含的杂质及凝结水，调节并保持恒定的工作压力。在使用时，应注意经常检查过滤器中凝结水的水位，在超过最高标线以前，必须排放，以免被重新吸入。气源处理组件的气路入口处安装一个快速气路开关，用于启/闭气源，当把气路开关向左拔出时，气路接通气源，反之把气路开关向右推入时气路关闭。

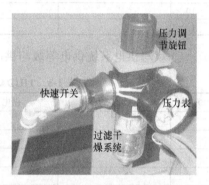

图 1-17　气源处理组件实物

　　气源处理组件输入气源来自空气压缩机，输出的压缩空气通过快速三通接头和气管输送到各工作单元。

【技能训练】

　　① 气路、电路操作注意事项如下。

　　• 在进行拆除、接线等操作时，务必在切断电源后进行，以避免发生事故。

　　• 在进行配线时，勿将配线屑或导电物落入可编程控制器或变频器内。

　　• 勿将异常电压接入 PLC 或变频器电源输入端，以避免损坏 PLC 或变频器。

　　• 勿将 AC 电源接于 PLC 或变频器输入/输出端子上，以避免烧坏 PLC 或变频器，仔细检查接线是否有误。

　　• 在变频器输出端子（U、V、W）处不要连接交流电源，以避免受伤及引起火灾，仔细检查接线是否有误。

　　• 当变频器通电或正在运行时，勿打开变频器前盖板，否则危险。

　　• 在插拔通信电缆时，务必确认 PLC 输入电源处于断开状态。

　　• 接线完毕后，务必用万用表检查连接好的电气线路。

② 实现各部分安全可靠得电，测量各点工作电压。

③ 启动空气压缩机，观察气路是否有漏气，调节气路工作限定压力为 0.5MPa。

④ 在教师指导下，启动自动生产线系统，观察自动生产线工作过程。

【考核评价】

① 填写 THJDAL-2 型自动生产线各单元组成元器件参数，见表 1-2。

表 1-2　THJDAL-2 型自动生产线各单元组成元器件参数

序号	元器件名称	型　号	序号	元器件名称	型　号
1			12		
2			13		
3			14		
4			15		
5			16		
6			17		
7			18		
8			19		
9			20		
10			21		
11			22		

② 填写供电系统供电等级与供电对象，见表 1-3。

表 1-3　THJDAL-2 型自动生产线供电等级与供电对象

序号	电压等级	供电对象	序号	电压等级	供电对象
1			5		
2			6		
3			7		
4			8		

③ 描述自动生产线中各工作站与相关器件的作用。

任务 2　自动生产线网络组建

【任务描述】

要求学生构建自动生产线主从式网络结构，实现 PPI 网络通信；完成网络读/写数据规划；利用指令向导对 THJDAL-2 型自动生产线进行网络组建。

【知识链接】

一、PPI 通信简介

PPI 协议是 S7-200 系列 PLC 最基本的通信方式，通过自身的端口（PORT0 或 PORT1）就可实现通信。PPI 是一种主-从协议通信，主-从站在一个令牌环网中，主站发送要求到从站设备，从站设备响应，从站不发送信息，只是等待主站的要求并对要求作出响应。主站靠一个 PPI 协议管理的共享连接来与从站通信。PPI 并不限制与任意一个从站通信的主站数量，但在一个网络中，主站个数不能超过 32 个。如果在用户程序中使用 PPI 主站模式，可以使用网络读写指令来读写从站信息。

二、实现 PPI 网络通信步骤

以具体实例说明实现 PPI 网络通信步骤。

案例：利用指令向导完成 PPI 网络组建。将主机 IB0 映射到从机 QB0，将从机 IB0 映射到主机 QB0。

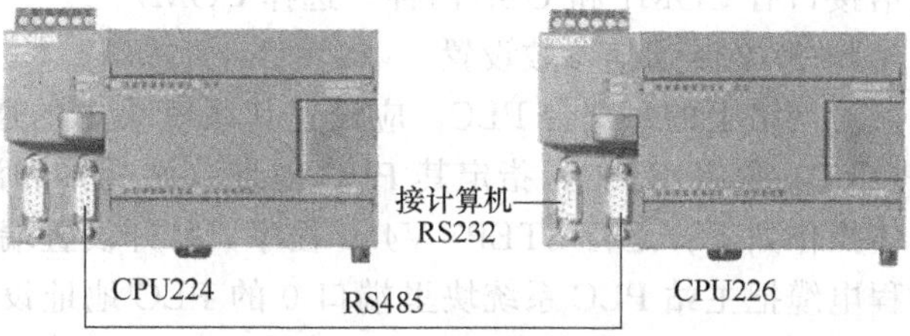

图 1-18　网络连接示意

1. 硬件连接

主机由一台 CPU226 控制，从机由一台 CPU224 控制。PPI 网络连接如图 1-18 所示。

2. 通信协议选择

在计算机控制面板，单击"设置 PG/PC 接口"图标，弹出其属性对话框，如图 1-19 所示。单击"选择"按钮，弹出安装/删除对话框，如图 1-20 所示。在对话框左侧选择 PC/PPI cable，单击"安装"按钮，将 PC/PPI cable 选进右侧的安装框中，成为被选用的网络接口。

图 1-19　设置 PG/PC 接口对话框

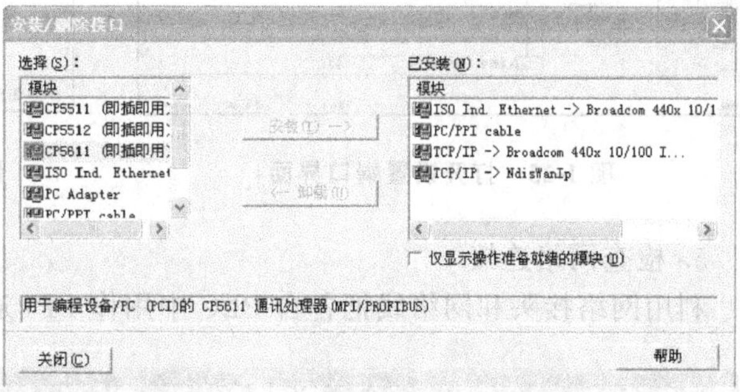

图 1-20　安装/删除对话框

同理，单击"卸载"按钮，可将右侧选中的网络接口删除。

3. STEP7 通信参数设置

在图 1-19 所示的对话框中，单击"属性"按钮，弹出属性设置对话框，如图 1-21 所示。可对站地址、超时时间和传送速率等通信参数进行设置。同一网络上所有设备的波特率要保持一致，否则不能通信，本例选择默认设置。单击"本地连接"标签，如图 1-22 所示。

图 1-21　属性对话框 1

图 1-22　属性对话框 2

通信接口有 COM1 和 USB 两种，选择 COM1。

4. S7-200 通信参数设置

对网络上的每一台 PLC，应设置其系统块中的通信端口参数。对用作 PPI 通信的端口（PORT0 或 PORT1），指定其 PLC 地址（站号）和波特率。设置后把系统块下载到 PLC。具体操作如下：运行 STEP7 V4.0 程序，打开设置端口界面，如图 1-23 所示。利用 PC/PPI 编程电缆把主站 PLC 系统块里端口 0 的 PLC 地址设置为 2，波特率设置为 9.6kbps，如图 1-24 所示。同样方法设定从站 PLC 端口 0 的 PLC 地址设置为 4，波特率为 9.6 kbps。分别把系统块下载到相应的 CPU 中。

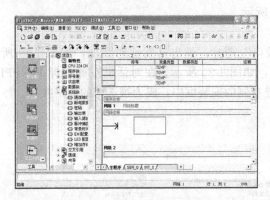

图 1-23 打开设置端口界面　　　　图 1-24 设置搬运站 PLC 端口 0 参数

5. 检查网络连接

利用网络接头和网络线把各台 PLC 中用作 PPI 通信的端口 0 连接，将主站的运行开关拨到 STOP 状态，然后利用 STEP7 V4.0 软件和 PPI/RS485 编程电缆搜索出 PPI 网络中的 2 个站。如果能全部搜索到表明网络连接正常。如图 1-25 所示，表明 2 个站已经全部完成 PPI 网络连接。

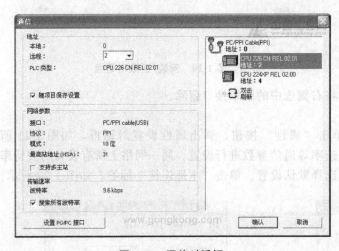

图 1-25 通信对话框

6. 通信口设置

西门子 S7-200 PLC 中的 SMB30 和 SMB130 为自由端口控制寄存器。其中 SMB30 控制自由端口 0 的通信方式，SMB130 控制自由端口 1 的通信方式。可以对 SMB30、SMB130 进行读、写操作，见表 1-4，这些字节设置自由端口通信的操作方式，并提供自由端口或者系统所支持的协议之间的选择。图 1-26 的一段程序说明了将 PLC 的自由端口 0 的通信方式设置为"PPI/主站模式"。

7. 利用指令向导完成网络组建

根据上述指令，即可完成主站的网络读写程序。但是借助网络读写向导更加方便。具体步骤如下。

表 1-4　SMB30（SMB130）功能

P(b7)	P	D	B	B	B	M	M(b0)
PP= 00:无奇偶校验 01:偶校验 10:无奇偶校验 11:奇校验		D= 0:8 位有效数据 1:7 位有效数据	BBB= 000:38.4kbps 001:19.2 kbps 010:9.6 kbps 011:4.8 kbps 100:2.4 kbps 101:1.2 kbps 110:0.6 kbps 111:0.3 kbps			MM= 00:PPI 从站模式 01:自由口通信模式 10:PPI 主站模式 11:保留（默认 PPI 从站模式）	

（1）网络读写对话框 1　打开编程软件，点击向导，如图 1-27 所示。点击 NE-TR/NETW，打开如图 1-28 所示对话框，因为程序中有读写两个操作，所以对话框中网络读写操作的项数值"1"，改为"2"。设置好后，点击下一步按钮，弹出图 1-29 所示对话框。

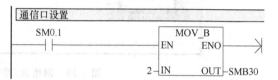

图 1-26　通信口设置程序举例

图 1-27　指令树中向导提示

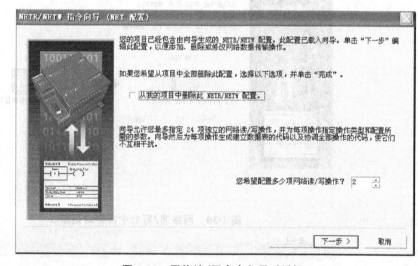

图 1-28　网络读/写命令向导对话框 1

（2）网络读写对话框 2　如图 1-29 所示通信端口设为 0，因为网络会自动生成子程序，所以必须给子程序设定一个名称，设定好后，点击下一步按钮，弹出 1-30 所示对话框。

（3）网络读写对话框 3　如图 1-30 所示，设定读和写网络命令，假如先设定网络读命令，这里远程 PLC 地址是从站地址，主站接受缓冲区为 VB100，从站发送缓冲区为 VB200。发送和接收数据长度均为 1 个字节。单击上一项操作或者下一项操作可以在读和写之间切换。

参数设置好后，点击下一项操作按钮，弹出如图 1-31 所示对话框。

（4）网络读写对话框 4　如图 1-31 所示，在此项操作中，要选择网络写命令，设置好参数，从设置好的参数可以看出远程地址设为 4，主站发送缓冲区为 VB200，从站接收缓冲区为 VB100。单击下一步按钮，弹出如图 1-32 所示对话框。

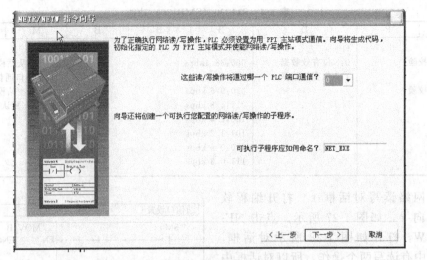

图 1-29 网络读/写命令向导对话框 2

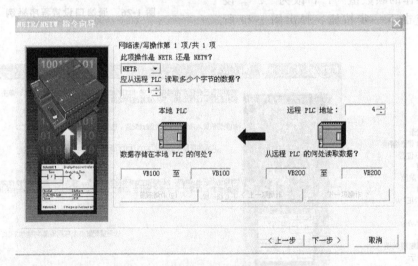

图 1-30 网络读/写命令向导对话框 3

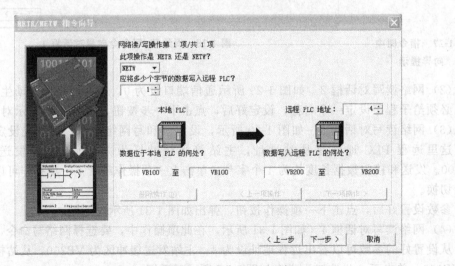

图 1-31 网络读/写命令向导对话框 4

（5）网络读写对话框 5 如图 1-32 所示，生成的子程序要使用一定数量的、连续的存储区，本项目提示要 21 个字节的存储区，向导要求设定连续存储区的起始位置就行，但是一定注意，存储区必须是其他程序中没有使用的，否则程序无法正常运行。设定好后，单击下一步按钮，弹出如图 1-33 所示对话框。

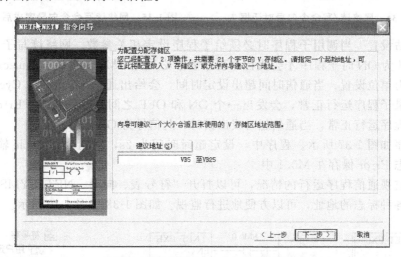

图 1-32 网络读/写命令向导对话框 5

（6）网络读写对话框 6 如图 1-33 所示，此对话框中，可以为向导单独起个名称，以便和其他网络读写命令分开。如果想检查更改前面设置的参数，单击上一步按钮，如果设置完成单击完成按钮，弹出如图 1-34 所示对话框。

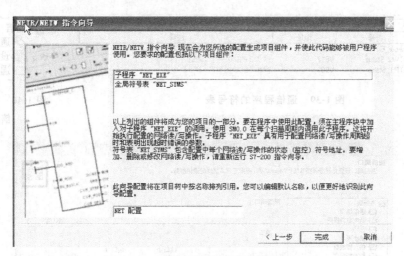

图 1-33 网络读/写命令向导对话框 6

（7）网络读写对话框 7 如图 1-34 所示，单击"是"按钮退出向导，此时程序中会自动生成一个子程序，此项子程序的名称为 NET_EXE。要使子程序 NET_EXE 运行，不断读取和写入数据，必须不停地调用它。

在指令树的最下面，调用子程序中出现了 NET_EXE 子程序，在向导的 NET_EXE 中也会出现相应的提示。

要改变向导的参数设置，双击"向导、NETR/NETW、配置"，然后在如图 1-35 所示的"起始地址"或"网络读写"或"通信端口"里面改写。

图 1-34　网络读/写命令向导对话框 7　　　　图 1-35　网络读写命令向导完成后提示

（8）主站设置　当调用子程序时必须给子程序设定相关参数。网络读写子程序如图 1-36 所示，EN 为 ON 时子程序才会执行，程序要求必须用 SM0.0 控制。Timeout 用于时间控制，以秒为单位设置，当通信时间超出设定时间，会给出通信错误信号。Cycle 是一个周期信号，如果子程序运行正常，会发出一个 ON 和 OFF 之间跳变的信号。Error 为出错标志，如果子程序运行正常，当通信超时或出错时，此信号为 ON。

主站程序如图 1-37 所示。程序中，设定超时时间为 2s，周期信号 Cycle 输出到 M0.0 中，错误标志 Error 保存在 M0.1 中。

如果要监视通信程序运行的情况，可以打开"符号表、向导、NET_SYMS"找到通信程序用到的各种标志的地址，可以方便地进行监视。如图 1-38 和图 1-39 所示。

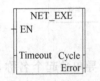
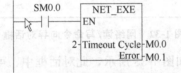
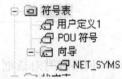

图 1-36　网络读写子程序　　　图 1-37　通信程序的主站程序　　　图 1-38　指令树中符号表提示

			符号	地址	注释
1			Timeout_Err	V5.3	0＝无超时错误，1＝超时错误
2			NETW2_Status	VB17	操作 2 的状态字节：NETW.
3			NETR1_Status	VB8	操作 1 的状态字节：NETR.

图 1-39　通信程序的符号表　　　　　　　　图 1-40　指令树中通信提示

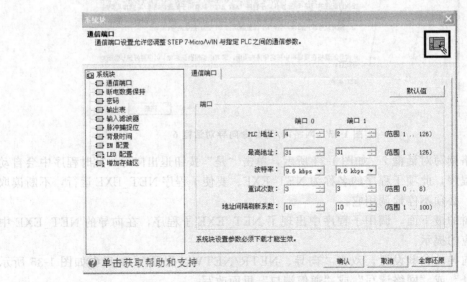

图 1-41　通信端口对话框

（9）从站设置　打开另一个编程软件，如图 1-40 所示，双击指令树中的"通信、通信端口"，弹出通信端口对话框，如图 1-41 所示。将端口 0 中 PLC 地址改为和主程序向导设置中的远程地址相同的数值即可。

（10）主站、从站程序　主站程序用于设定主 CPU226 为主站，主机 IB0 映射到从机 QB0；从站用于设定从站 CPU224 为从站，把从机 IB0 映射到主机 QB0。程序如图 1-42 和图 1-43 所示。

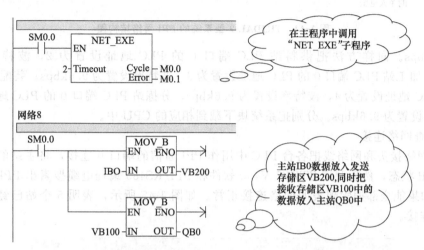

图 1-42　主站程序

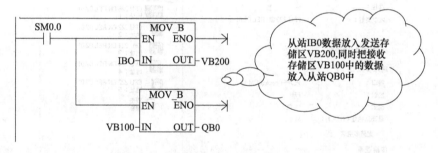

图 1-43　从站程序

主站、从站程序利用电脑与主站连接的 PPI 电缆，通过选择不同 CPU 的远程地址，分别下装到主站 CPU226（远程地址为 2）和从站 CPU224（远程地址为 4）。通过设置主站、从站 IB0 状态观察从站、主站 QB0 的变换状态。

【技能训练】

结合 THJDAL-2 型自动生产线设置情况构建主从式控制系统，利用主站启动按钮、停止按钮、急停按钮对从站启动、停止及急停控制。

1. 构建网络结构图

THJDAL-2 型系统中，按钮及指示灯模块的按钮、开关信号连接到输送单元的 PLC（S7-226 CN）输入口，以提供系统的主令信号。因此在网络中搬运站是指定为主站的，其余各站均指定为从站。图 1-44 所示为 THJDAL-2 型系统的 PPI 网络结构图。

2. 设置通信端口参数

利用 PC/PPI 编程电缆把搬运站 PLC 系统块里端口 0 的 PLC 地址设置为 1，波特率设

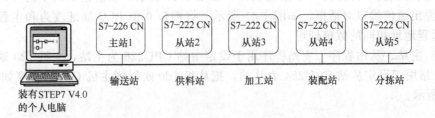

输送站　　　　供料站　　　　加工站　　　　装配站　　　　分拣站

装有STEP7 V4.0
的个人电脑

图1-44　THJDAL-2型系统的PPI网络结构图

置为9.6kbps。同样方法把供料站PLC端口0的PLC地址设置为2，波特率设置为9.6kbps；加工站PLC端口0的PLC地址设置为3，波特率设置为9.6kbps；装配站PLC端口0的PLC地址设置为4，波特率设置为9.6kbps；分拣站PLC端口0的PLC地址设置为5，波特率设置为9.6kbps。分别把系统块下载到相应的CPU中。

3. 检查网络连接

利用网络接头和网络线把各台PLC中用作PPI通信的端口0连接，将主站的运行开关拨到STOP状态，然后利用STEP7 V4.0软件和PPI/RS485编程电缆搜索出PPI网络中的5个站。如果能全部搜索到表明网络连接正常。如图1-45所示，表明5个站已经全部完成PPI网络连接。

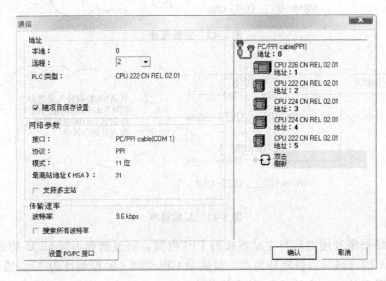

图1-45　PPI网络上的5个站

4. 网络读/写数据规划

如前所述，在PPI网络中，只有主站程序中使用网络读写指令来读写从站信息。而从站程序没有必要使用网络读写指令。

在编写主站的网络读写程序前，应预先规划好下面数据。

① 主站向各从站发送数据的长度（字节数）。

② 发送的数据位于主站何处。

③ 数据发送到从站的何处。

④ 主站从各从站接收数据的长度（字节数）。

⑤ 主站从从站的何处读取数据。

⑥ 接收到的数据放在主站何处。

以上数据，应根据系统工作要求、信息交换量等统一筹划。考虑 THJDAL-2 型系统中，各工作站 PLC 所需交换的信息量不大，主站向各从站发送的数据只是主令信号，从从站读取的也只是各从站状态信息，发送和接收的数据均 1 个字（或 2 个字节）已经足够。

网络读写指令可以向远程站发送或接收 16 个字节的信息，在 CPU 内同一时间最多可以有 8 条指令被激活。THJDAL-2 型系统有 4 个从站，因此考虑同时激活 4 条网络读指令和 4 条网络写指令。作为例子，所规划的数据见表 1-5。

表 1-5　网络读/写数据规划

搬运站 1#站 （主站）	供料站 2#站 （从站）	加工站 3#站 （从站）	装配站 4#站 （从站）	分拣站 5#站 （从站）
发送数据长度	2B	2B	2B	2B
从主站何处发送	VB1000～VB1001	VB1000～VB1001	VB1000～VB1001	VB1000～VB1001
发往从站何处	VB1000～VB1001	VB1000～VB1001	VB1000～VB1001	VB1000～VB1001
接收数据长度	1B	1B	1B	
数据来自从站何处	VB1010～VB1010	VB1010～VB1010	VB1010～VB1010	
数据存到主站何处	VB1200～VB1200	VB1204～VB1204	VB1208～VB1208	

5. 网络读写向导 PPI 通信网络

具体步骤参看上面例题，这里不再赘述。

6. 在主程序中调用子程序"NET_EXE"

要在程序中使用上面所完成的配置，必须在主程序块中加入对子程序"NET_EXE"的调用。使用 SM0.0 在每个扫描周期内调用此子程序，这将开始执行配置的网络读/写操作。如图 1-46 所示。

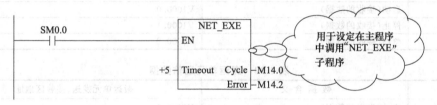

图 1-46　子程序"NET_EXE"

本例中 Timeout 设定为 5，Cycle 输出到 M14.0，故网络通信时，M14.0 所连接的指示灯闪烁。Error 输出到 M14.2，若发生错误，所连接的指示灯亮。

7. 主站控制各从站启动、停止及急停

THJDAL-2 型系统是一个分布式控制的自动生产线，各分站启动、停止及急停均由主站通过组建 PPI 网络，规划通信数据，编制主站控制程序，使系统组织起来。然后根据各工作单元的工艺任务，分别编制各工作站的控制程序。

（1）各站通信数据及对应地址规划　根据控制要求，确定通信数据见表 1-6～表 1-10。

表 1-6　供料单元通信数据

序号	数据含义	供料单元接收、发送区地址
1	启动（接收的数据）	V1000.0
2	停止（接收的数据）	V1000.1
3	急停（接收的数据）	V1000.2
4	物料不够（发送的数据）	V1010.0
5	物料有无（发送的数据）	V1010.1
6	物料台有无物料（发送的数据）	V1010.2

表 1-7 加工单元通信数据

序号	数据含义	加工单元接收、发送区地址
1	启动(接收的数据)	V1000.0
2	停止(接收的数据)	V1000.1
3	急停(接收的数据)	V1000.2
4	限制加工(接收的数据)	V1001.0
5	物料台有无物料(发送的数据)	V1010.0
6	通知主站加工完成(发送的数据)	V1010.1

表 1-8 装配单元通信数据

序号	数据含义	装配单元接收、发送区地址
1	启动(接收的数据)	V1000.0
2	停止(接收的数据)	V1000.1
3	急停(接收的数据)	V1000.2
4	警示灯绿(接收的数据)	V1000.5
5	警示灯红(接收的数据)	V1000.6
6	警示灯橙(接收的数据)	V1000.7
7	限制装配(接收的数据)	V1001.1
8	料仓物料不够(发送的数据)	V1010.0
9	料仓物料有无(发送的数据)	V1010.1
10	物料台有无物料(发送的数据)	V1010.2
11	通知主站装配完成(发送的数据)	V1010.3

表 1-9 分拣单元通信数据

序号	数据含义	分拣单元接收区地址
1	启动(接收的数据)	V1000.0
2	停止(接收的数据)	V1000.1
3	急停(接收的数据)	V1000.2

表 1-10 搬运单元通信数据

序号	数据含义	搬运单元发送、接收区地址
1	启动(发送的数据)	V1000.0
2	停止(发送的数据)	V1000.1
3	急停(发送的数据)	V1000.2
4	限制加工(发送的数据)	V1001.0
5	限制装配(发送的数据)	V1001.1
6	警示灯绿(发送的数据)	V1000.5
7	警示灯红(发送的数据)	V1000.6
8	警示灯橙(发送的数据)	V1000.7
9	供料站料仓物料不够(接收的数据)	V1200.0
10	供料站料仓物料有无(接收的数据)	V1200.1
11	供料站物料台有无物料(接收的数据)	V1200.2
12	加工站物料台有无物料(接收的数据)	V1204.0
13	加工完成(接收的数据)	V1204.1
14	装配站料仓物料不够(接收的数据)	V1208.0
15	装配站料仓物料有无(接收的数据)	V1208.1
16	装配站物料台有无物料(接收的数据)	V1208.2
17	装配完成(接收的数据)	V1208.3

（2）主站控制从站启动、停止及急停程序　主站控制从站启动、停止及急停主程序及子程序如图 1-47 所示。

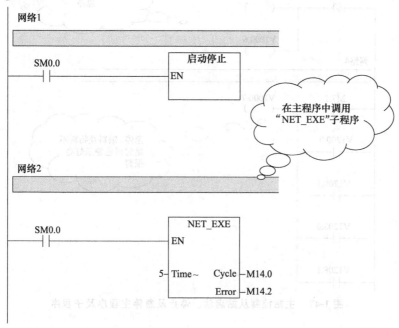

① 主程序

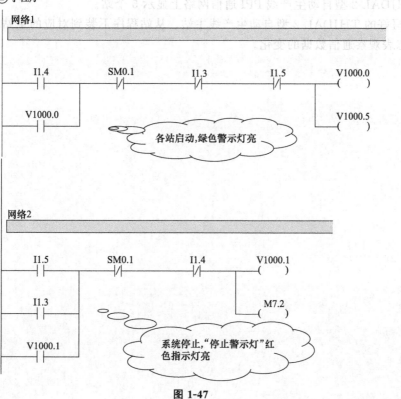

② 子程序

图 1-47

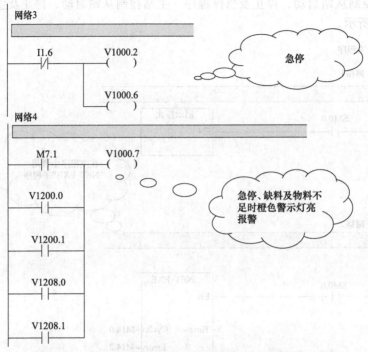

图 1-47　主站控制从站启动、停止及急停主程序及子程序

⭐【考核评价】

　　① THJDAL-2 型自动生产线 PPI 通信网络上显示 5 个站。

　　② 编写好的 THJDAL-2 型自动生产线主站、从站程序下装到对应的主站与从站，并能够通过状态表观察通信数据的变化。

学习情境2

自动生产线供料单元安装与调试

【情境描述】

供料单元是 THJDAL-2 型自动生产线中的起始单元，通过光电开关检测物料仓内物料够不够以及物料有无，顶料气缸控制物料下降的节奏，推料气缸将物料推到出料台。整个系统依据供料仓中物料和物料台物料有无情况，向系统中的加工单元提供原料。供料单元的组成如图 2-1 所示。

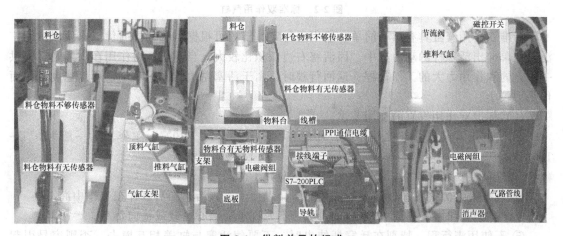

图 2-1 供料单元的组成

任务1 供料单元基本元件的认知

【任务描述】

要求学生掌握供料单元中气动元件的结构、功能及应用；掌握供料单元气路构成与气路连接；掌握磁性开关、光电开关的结构、原理及应用；能够对传感器元件进行安装与调试。

【知识链接】

一、供料单元中气动元件的认知

供料单元中使用的气动元件有顶料气缸、推料气缸及控制气缸运动的气动控制电磁阀组等器件。

1. 供料单元中气动执行元件的认知

（1）标准双作用气缸 顶料气缸、推料气缸作为供料单元中的气动执行元件，为标准双作用气缸。标准气缸是指气缸的功能和规格，是普遍使用的、结构容易制造的、制造厂商通常作为通用产品供应市场的气缸。双作用气缸是指活塞的往复运动均由压缩空气来推动。图 2-2 所示为标准双作用气缸的外形图、剖面图以及图形符号。气缸的两个端盖上都设有进、排气通口，从无杆侧端盖气口进气时，推动活塞向前运动；反之，从有杆侧端盖气口进气时，推动活塞向后运动。

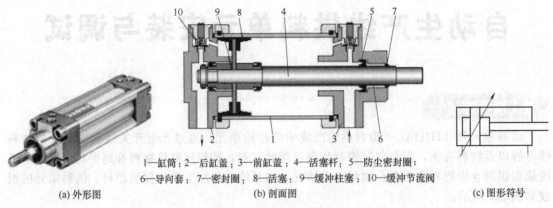

1—缸筒；2—后缸盖；3—前缸盖；4—活塞杆；5—防尘密封圈；
6—导向套；7—密封圈；8—活塞；9—缓冲柱塞；10—缓冲节流阀

(a) 外形图　　　　　　　　(b) 剖面图　　　　　　　　(c) 图形符号

图 2-2　标准双作用气缸

标准双作用气缸具有结构简单、输出力稳定、行程可根据需要选择的优点，所以应用广泛。在单伸出活塞杆的动力缸中，因活塞右边面积比较大，当空气压力作用在右边时，提供一快速的和作用力大的工作行程；返回行程时，由于活塞左边的面积较小，所以速度较快而作用力较小。

(2) 标准双作用气缸的使用要求

① 气缸正常的工作条件是介质、环境温度一般为 −20~80℃，工作压力一般为 0.1~1.0MPa。

② 气缸在安装前应在 1.5 倍的气压下试验，不能漏气。

③ 气缸安装的气源进口处需设置油雾器，以便于气缸活塞和活塞杆在工作中润滑。

④ 气缸安装时要注意动作方向，活塞杆不允许承受偏心负载或横向负载。

⑤ 不使用满行程，特别在活塞杆伸出时，不要使活塞与缸盖相互撞击，否则容易引起活塞与缸盖损坏。

2. 供料单元中气动控制元件的认知

供料单元中使用的气动控制元件主要有单向节流阀和方向控制阀两种。

(1) 单向节流阀　为了使气缸的动作平稳可靠，应对气缸的运动速度加以控制，常用的方法是使用单向节流阀来实现。单向节流阀是由单向阀和节流阀并联而成的流量控制阀，常用于控制气缸的运动速度，所以也称为速度控制阀。

(a) 结构原理　　　(b) 符号

图 2-3　单向阀

① 单向阀　气流只能从一个方向流动而不能反方向流动。如图 2-3 所示，弹簧将阀芯顶在阀座上，当压缩空气从 1 口进入，克服弹簧力和摩擦力使单向阀阀口开启，压缩空气从 1 口流向 2 口；当 1 口无压缩空气时，在弹簧力和 2 口（腔）余气力作用下，阀口处于关闭状态，使从 2 口至 1 口气流不通。

单向阀应用于不允许气流反向流动的场合，如空压机向气罐充气时，在空压机与气罐之间设置单向阀，当空压机停止充气时，可防止气罐中的压缩空气回流到空压机中。

② 单向节流阀　是单向阀和节流阀并联而成的组合控制阀，通过改变控制阀的通流截

面面积来实现流量控制的元件。
如图 2-4 所示。当气流由 P 口向 A
口流动时，经过节流阀节流；反
方向流动时，单向阀打开不节流。

单向节流阀常用于气缸的活
塞杆运动速度调节和延时回路中。
图 2-5 所示为在双作用气缸上装两
个单向节流阀的连接示意，这种
连接方式称为排气节流方式。即
当压缩空气从 A 端进气、从 B 端

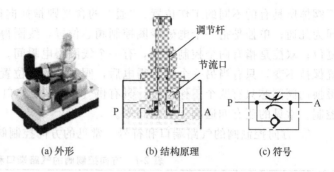

图 2-4　单向节流阀

排气时，单向节流阀 A 的单向阀开启，向气缸无杆腔快速充气；由于单向节流阀 B 的单向
阀关闭，有杆腔的气体只能经节流阀排气，调节节流阀的开度，就可控制不同的排气速度，
从而也就控制了活塞的运动速度。调节节流阀 B 的开度，便可改变气缸伸出时的运动速度。
反之，调节节流阀 A 的开度则可改变气缸缩回时的运动速度。这种控制方式，活塞运行稳
定，是最常用的方式。

节流阀上有带有气管的快速接头，只要将合适外径的气管往快速接头上一插就可以将管
连接好了，使用时十分方便。如图 2-6 所示。

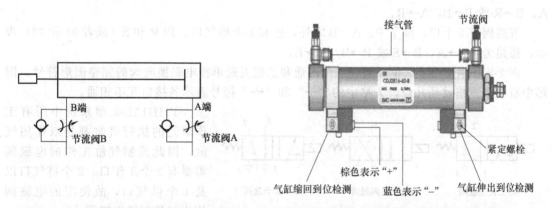

图 2-5　单向节流阀连接和调整原理示意

图 2-6　安装上气缸节流阀的气缸

（2）方向控制阀　是在气压传动系统中通过改变压缩空气的流动方向和气流的通断，控
制执行元件启动、停止和运动方向的控制元件。控制气缸一端进气，另一端排气，或者从另
一端进气，一端排气，即方向控制阀控制气缸内气体流动方向，改变气缸活塞运动方向。在
自动控制中，方向控制阀常采用电磁控制方式实现方向控制，也称为电磁换向阀。

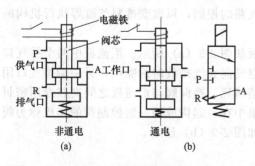

图 2-7　单控二位三通电磁换向阀的工作原理

① 方向控制阀的气流方向控制原理　方向
控制阀（电磁换向阀）是利用其电磁线圈通电
时，静铁芯对动铁芯产生电磁吸力使阀芯切换，
达到改变气流方向的目的。图 2-7 所示为单控二
位三通电磁换向阀的工作原理。当电磁阀得电
时，电磁阀的 P 口与 A 口接通，当电磁阀失电
时，电磁阀 P 口关闭。通过阀芯的密封圈封闭
气流，改变气流方向。

"位"指的是为了改变气体方向，阀芯相对

于阀体所具有的不同的工作位置；"通"的含义则指换向阀与系统相连的通口，有几个通口即为几通；单控是指一个电磁线圈控制阀芯位置，线圈得电后，阀芯动作，失电后阀芯自动复位；双控是指有两个控制线圈，有一个线圈得电瞬间，阀芯变换位置，线圈失电后阀芯位置保持不变，只有当另一个线圈得电后，阀芯才改变位置，改变气流方向。单控二位三通电磁换向阀阀芯只有两个工作位置，具有供气口 P、工作口 A 和排气口 R，利用一个电磁线圈控制。常见的还有四通阀、五通阀等。

② 方向控制阀的气路端口和符号　常见的方向控制阀的气路端口和符号见表 2-1。

表 2-1　方向控制阀的气路端口和符号

名称	二通阀		三通阀		四通阀	五通阀
	常通	常断	常通	常断		
符号	A↑□P	A┬□P	A↑□PR	A┬□PR	AB↑□PR	AB↗□RPS

二通阀有 2 个口，即 1 个输入口 P，1 个输出口 A。

三通阀有 3 个口，除了 P 和 A 外，增加了 1 个排气口，用 R 来表示，三通阀可以是 2 个输入口 1 个输出口，也可以是 1 个输入口 2 个排气口。

四通阀有 4 个口，除了 P、A、R 之外，还有 1 个输出口，用 B 来表示，通路为：P→A，B→R 或 P→B，A→R。

五通阀有 5 个口，除了 P、A、B 之外，还有 2 个排气口，用 R 和 S（或者 01 和 02）表示，通路为：P→A，B→S 或 P→B，A→R。

图 2-8 分别给出了二位三通、二位四通和二位五通单控电磁换向阀的完整图形符号，图形中有几个方格就是几位，方格中的"┬"和"⊥"符号表示各接口互不相通。

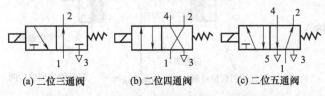

(a) 二位三通阀　　(b) 二位四通阀　　(c) 二位五通阀

图 2-8　部分单控电磁换向阀的图形符号

THJDAL-2 型系统中所有工作单元的执行气缸都是双作用气缸，因此控制气缸工作的电磁阀需要有 2 个工作口、2 个排气口以及 1 个供气口，故使用的电磁阀均为二位五通电磁阀。

③ 换向阀安装调试与电磁阀组　供料单元中用了两个二位五通的单控电磁阀，带有手动换向和加锁钮，有锁定（LOCK）和开启（PUSH）两个位置。用小螺丝刀把加锁钮旋到 LOCK 位置时，手控开关向下凹进去，不能进行手控操作。只有在 PUSH 位置，可用工具向下按，信号为"1"，等同于该侧的电磁信号为"1"；常态时，手控开关的信号为"0"。在进行设备调试时，可以使用手控开关对换向阀进行控制，从而实现对相应气路的控制，以改变推料气缸等执行机构的控制，达到调试的目的。

两个电磁阀是集中安装在汇流板上的，汇流板如图 2-9（a）所示。汇流板中两个排气口末端均连接了消声器，消声器的作用是减少压缩空气向大气排放时的噪声，另一端排气口用丝堵堵死。中间口为进气口，另一端进气口用丝堵堵死。换向阀与汇流板之间夹装专用密封垫，这种将多个方向换向阀与消声器、汇流板等集中在一起构成的一组控制阀的集成称为阀组，而每个阀的功能是彼此独立的，阀组的结构如图 2-9（b）所示。

二、供料单元中传感器的认知

传感器是一种检测装置，能感受到被测量的信息，并能将检测感受到的信息，按一定规

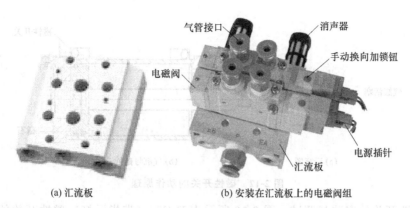

(a) 汇流板 　　　　(b) 安装在汇流板上的电磁阀组

图 2-9　电磁阀组

律变换成为电信号或其他所需形式的信息输出，以满足信息的传输、处理、存储、显示、记录及控制等要求，是自动生产线中实现自动检测和自动控制的首要环节。

供料单元中使用的传感器主要有磁性开关、漫射式光电开关两种。用于气缸运动的位置检测、对供料仓中有无待供物料以及供料台上有无物料检测。

1. 磁性开关

（1）磁性开关的结构及工作原理　磁力式接近开关（简称磁控开关或磁性开关）是一种非接触式位置检测开关，不会磨损和损伤被测对象，响应速度比较快。在自动生产线中，磁性开关主要用于气缸的位置检测。THJDAL-2 型系统所使用的气缸都是带有磁性开关的气缸。

磁性开关的实物图及电气图形符号如图 2-10 所示。

(a) 实物图　　　　(b) 电气图形符号

图 2-10　磁性开关

有触点式的磁性开关用舌簧开关作磁场检测元件，如图 2-11 所示。舌簧开关成型于合成树脂块内，并且一般还有动作指示灯、过电压保护电路也塑封在内。当气缸中随活塞移动的磁环靠近开关时，舌簧开关的两根簧片被磁化而相互吸引，触点闭合；当磁环离开开关后，簧片失磁，触点断开。触点闭合或断开时发出电控信号。

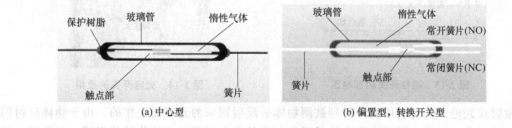

(a) 中心型　　　　　　　　(b) 偏置型，转换开关型

图 2-11　磁性开关的干簧管结构

在 THJDAL-2 型自动生产线中，气缸的缸筒采用导磁性弱、隔磁性强的材料，如硬铝、不锈钢等。在非磁性体的活塞上安装一个永久磁铁的磁石，如图 2-12 所示，这样就提供了一个反映气缸活塞位置的磁场。而安装在气缸外侧的磁性开关则是用来检测气缸活塞位置的，即检测活塞的运动行程的。当磁石接近磁性开关时，传感器动作，并输出开关信号，在 PLC 的自动控制中，可以利用该信号判断推料及顶料缸的运动状态或所处的位置，以确定物料是否被推出或气缸是否返回，从而识别气缸运动的两个极限位置。

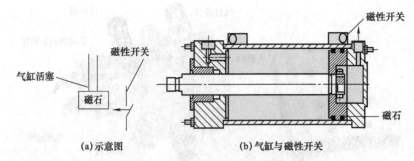

(a)示意图　　　　　　　　(b)气缸与磁性开关

图 2-12　磁性开关的动作原理

（2）磁性开关的安装与调试　图 2-13 所示为 D-C73（带指示灯）磁性开关的内部电路，其负载电压为 24V。磁性开关有蓝色（或黑色）和棕色（或红色）两根引出线，使用时蓝色引出线应连接到 PLC 输入公共端，棕色引出线应连接到 PLC 输入端。

在磁性开关上设置的 LED 显示，用于显示其信号状态，供调试时使用。当气缸活塞靠近，磁性开关动作时，输出信号"1"，LED 亮，接 PLC 时，负载电流为 4.5～40mA；当没有气缸活塞靠近，磁性开关不动作时，输出信号"0"，LED 不亮。

磁性开关的安装位置可以调整，调整方法是松开它的紧定螺钉，让磁性开关顺着气缸滑动，到达指定位置后，再旋紧紧定螺钉。

2. 漫射式光电开关

在供料单元中，供料仓中有无物料的检测利用漫射式光电开关，其型号为 E3Z-L61，工作电压为 12～24V±10%，响应速度 1ms 以下，负载电流为 10～100mA。如图 2-14 所示，漫射式光电开关用于物料仓有无物料检测和物料不足检测。

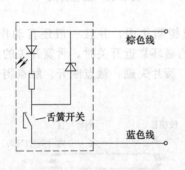

图 2-13　磁性开关内部电路

图 2-14　光电开关的应用

漫射式光电开关是利用光照射到被测物体后反射回来的光线而工作的。由于物体反射的光线为漫射光，故称为漫射式光电接近开关。它的光发射器与光接收器处于同一侧位置，且为一体化结构。在工作时，光发射器始终发射检测光，若接近开关前方一定距离内没有物体，则没有光被反射到接收器，接近开关处于常态而不动作；反之若接近开关的前方一定距离内出现物体，只要反射回来的光强度足够，则接收器接收到足够的漫射光就会使接近开关动作而改变输出的状态。

（1）漫射式光电开关的结构及工作原理　光电接近开关（简称光电开关）是利用光的各种性质，检测物体的有无和表面状态的变化等的传感器，被广泛地应用于自动生产线。

光电式接近开关主要由光发射器和光接收器构成。如果光发射器发射的光线因检测物体不同而被遮掩或反射，到达光接收器的量将会发生变化。光接收器的敏感元件将检测出这种变化，并转换为电气信号进行输出。大多使用可视光（主要为红色，也用绿色、蓝色来判断颜色）和红外光。

按照接收器接收光的方式的不同，光电式接近开关可分为对射式、漫射式和反射式三种，如图 2-15 所示。

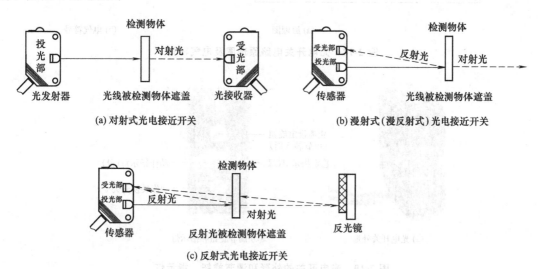

(a) 对射式光电接近开关　　(b) 漫射式(漫反射式)光电接近开关

(c) 反射式光电接近开关

图 2-15　光电式接近开关

供料单元物料台上光电开关，型号为 3B03-1K，如图 2-16 所示，是一个圆柱形漫射式光电接近开关，安装形式如图 2-17 所示。安装于小孔的下面，用来检测物料台上有无物料，工作时向上发出光线，光线透过小孔检测是否有物料存在，从而向系统发出供料单元有无物料存在的信号，搬运单元就是利用该信号判断机械手是否进行抓取动作。

图 2-16　物料台上光电开关外形

光电开关的内部电路原理图及电气符号如图 2-18 所示。其中，棕色线接 PLC 输入模块电源"＋"端，蓝色线接 PLC 输入模块电源"－"端，黑色线接 PLC 的输入端。

调整光电开关时，首先调整稳定显示灯绿灯亮；然后调整位置和灵敏度，当被检测物体在检测范围内时，

图 2-17　光电开关的安装

动作显示灯橙色灯亮。反之，动作显示灯橙色灯不亮。光电开关位置调整合适后，将固定螺母锁紧。

值得注意的是，光电开关不能安装在水、油、灰尘多的地方，因为传感器的接收端不能正对很强的光源，因此安装时要回避强光和太阳光直射的地方。

(2) 漫射式光电开关的安装与调试　供料单元中，用来检测物料不足或物料有无的漫射式光电接近开关安装在供料仓外侧，分别用来检测料仓中物料不足和有无物料。该光电开关的外形和顶端面上的调节旋钮和指示灯如图 2-19 所示，图中动作转换开关的功能是选择受光动作或遮光动作模式，即当开关按顺时针方向充分旋转时（L 侧），则进入检测-ON 模式，

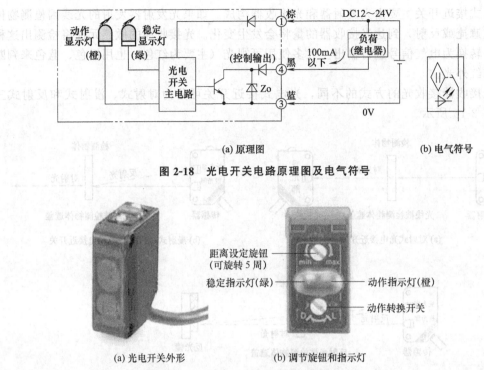

(a) 原理图   (b) 电气符号

图 2-18　光电开关电路原理图及电气符号

距离设定旋钮
(可旋转 5 周)

稳定指示灯(绿)　　　　　　　　　动作指示灯(橙)

　　　　　　　　　　　　　　　　动作转换开关

(a) 光电开关外形   (b) 调节旋钮和指示灯

图 2-19　光电开关的外形和调节旋钮、指示灯

当此开关按逆时针方向充分旋转时（D 侧），则进入检测-OFF 模式。

　　距离设定旋钮是 5 回转调节器，调整距离时注意逐步轻微旋转，否则若充分旋转距离调节器会空转。调整的方法是，首先按逆时针方向将距离调节器充分旋到最小检测距离，然后根据要求距离放置检测物体，按顺时针方向逐步旋转距离调节器，找到传感器进入检测条件的点；拉开检测物体距离，按顺时针方向进一步旋转距离调节器，找到传感器再次进入检测状态，一旦进入，向后旋转距离调节器，直到传感器回到非检测状态的点。两点之间的中点为稳定检测物体的最佳位置。

【技能训练】

一、双作用气缸故障判断与维修
双作用气缸常见的故障是漏气导致推力减小或者丧失。

1. 常用维修工具
常用维修工具如图 2-20 所示。

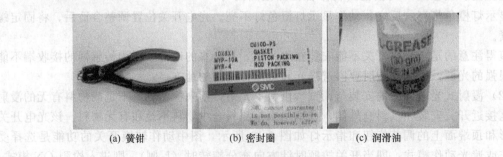

(a) 簧钳   (b) 密封圈   (c) 润滑油

图 2-20　常用维修工具

2. 常见故障的判断

好气缸：用手紧紧堵住气孔，用手拉活塞杆，感觉有很大的反向力，放开时活塞杆会自动弹回原位；拉出活塞杆再堵住气孔，用手压活塞杆时也有很大的反向力，放开时活塞杆会自动弹回原位。如图 2-21 所示。

坏气缸：拉出活塞杆无阻力或阻力很小，放开时活塞杆无动作或动作无力缓慢，拉出的时候有反向力但连续拉的时候慢慢减小；压的时候没有压力或压力很小，有压力但越压力越小。

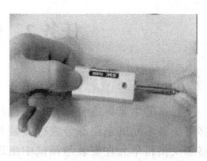

图 2-21　气缸好坏的初步判断

3. 密封圈的更换

更换密封圈步骤如图 2-22 所示。

  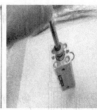 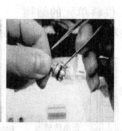

(a) 拆下外盖　　　(b) 拆下卡簧　　　(c) 取出活塞杆　　　(d) 更换密封圈

图 2-22　更换密封圈

更换密封圈时注意识别缸体直径、活塞直径、活塞杆直径；气缸用专用的润滑油，可增加密封圈的寿命，减小摩擦力，增强气密性。

二、换向电磁阀故障及维修策略

常见换向电磁阀故障及维修策略见表 2-2。

表 2-2　常见换向电磁阀故障及维修策略

故　障	故　障　原　因	维　修　策　略
阀不能换向	①润滑不良,滑动阻力和运动摩擦力大 ②密封圈压缩量大,或膨胀变形 ③尘埃或油污等被卡在滑动部分或阀座上 ④弹簧卡住或损坏 ⑤控制活塞面积偏小,操作力不够	①改善润滑 ②适当减少密封圈压缩量 ③清除尘埃或油污 ④重新装配或更换弹簧 ⑤增大活塞面积和操作力
阀泄漏	①密封圈压缩量过小或有损伤 ②阀杆或阀座有损伤 ③铸件有缩孔	①适当增加压缩量,或更换受损密封件 ②更换阀杆或阀座 ③更换铸件
阀产生振动	①压力低(先导式) ②电压低(电磁阀)	①提高先导操作压力 ②提高电源电压或改变线圈参数

★ **【考核评价】**

① 检查供料单元的元器件好坏，根据器件安装方法及特点制定检测方案。
② 记录检测结果，并对元器件进行调整与维修。

任务 2　供料单元的安装与调试

【任务描述】

要求学生掌握供料单元的结构与工作过程；能够对供料单元的气路进行安装与调试；能够对供料单元的电路部分进行安装与调试；能够使用 PLC 编程并对运动过程进行调试；能够解决供料单元在安装与调试中出现的问题。

【知识链接】

一、供料单元的结构与工作过程

1. 供料单元的结构

供料单元如图 2-23 所示。它主要由大物料井式物料库（料仓）、推料气缸、顶料气缸、磁感应接近开关、漫射式光电传感器、电磁阀、安装支架及物料台组成。

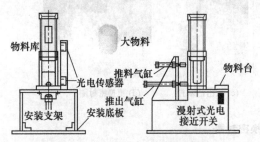

图 2-23　供料单元主要结构组成

2. 供料单元的工作过程

物料叠放在料仓中，推料气缸处于料仓的底层，并且其活塞杆可从料仓的底部通过。当活塞杆在退回位置时，它与最下层物料中心处于同一水平位置，而顶料气缸则与次下层物料中心处于同一水平位置。工作时，首先使顶料气缸的活塞杆推出，顶住次下层物料；通过漫射式光电开关检测到物料台上没有物料，推料气缸推出，把料槽中最底层的物料推至物料台上。传感器检测到推出到位后，推料气缸缩回，顶料气缸缩回，松开料仓中的次下层物料，次下层物料自动向下移动变为最下层，等待下一次推出。

推料气缸把物料推出到物料待抓取位。该位置下面安装有一个圆柱形漫射式光电接近开关，用于检测是否有物料存在，提供本单元出料台有无物料的信号，同时也为搬运单元的搬运机械手提供是否伸手并抓取该物料的控制信号。

在底座和管形料仓的第三层物料位置，分别安装一个漫射式光电开关。它们的功能是检测料仓中有无物料或物料是否足够。若处于底层和第三层位置料仓内有物料，则安装在此处的两个漫射式光电接近开关均处于动作状态，否则处于常态。

二、供料单元气路控制

PLC 通过识别检测信号的状态，控制单控二位五通阀的状态，从而控制气

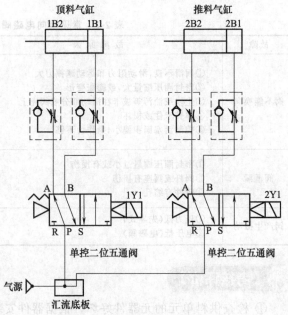

图 2-24　供料单元气动控制回路

缸的运动，控制物料的位置与状态。气动控制回路是供料单元的执行机构，气动控制回路的
工作原理如图 2-24 所示，图中 1B1 和 1B2 为安装在顶料气缸的两个工作位置的磁感应接近
开关，2B1 和 2B2 为安装在推料气缸的两个工作位置的磁感应接近开关。1Y1 和 2Y1 分别
为控制顶料气缸和推料气缸电磁阀的电磁控制端。在连接气路
时两个气缸的初始位置均设定在缩回状态。

手控开关

图 2-25 电磁阀手控开关

供料单元的电磁阀组由两个二位五通阀的带手控开关的单
控电磁阀组组成，型号为 SY5120-5LZD-01，如图 2-25 所示。
通过手控开关可以实现电磁阀的动作，实现单独测试。两个电
磁阀分别对顶料气缸和推料气缸进行控制。

顶料气缸和推料气缸的两端分别装有一个感应位置的磁性开
关，即 1B1、1B2 和 2B1、2B2，当气缸活塞运动到相应的位置时，磁性开关动作（闭合）。

三、供料单元的 PLC 控制

1. 供料单元生产工艺流程

设备上电和气源压力正常后，供料单元的两个气缸均应处于缩回位置，且料仓内有足够
的待加工物料，若料仓中物料不足或没有物料，则"报警"指示灯橙色灯亮。

若设备准备好，即供料单元的两个气缸均处于缩回位置，且料仓内有足够的待加工物
料，则按下系统的启动按钮，主站 PLC 与各从站 PLC 之间进行通信，控制供料单元开始启
动，"设备运行"指示灯绿色灯常亮。启动后，如果物料台上没有物料，则应把物料推到物
料台上，反之，气缸不做推出动作。物料台上的物料被人工取走后，若没有停止信号，则进
行下一次推出物料操作。

若在运行中料仓内物料不足，则工作单元继续工作，但"报警"指示灯橙色灯亮，"设
备运行"指示灯绿色灯保持常亮。若料仓内没有物料，则"报警"指示灯橙色灯亮。工作站
在完成本周期任务后停止。向料仓补充足够的物料后，工作继续进行。

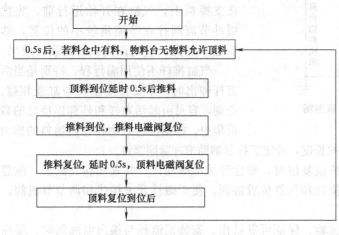

若在运行中按下停止按钮，
则在完成本工作周期任务后，各
工作单元停止工作，绿色指示灯
熄灭，"停止运行"指示灯红色
指示灯亮。

供料单元自动循环控制工艺
流程如图 2-26 所示。

2. 供料单元 PLC 的 I/O 地
址分配

供料单元中有 4 个检测气缸极
限位置的磁性开关、1 个检测物料
仓中物料不足的漫射式光电开关、1
个检测物料仓中物料有无的漫射式

图 2-26 供料单元工艺流程

光电开关以及 1 个检测物料台上有无物料的漫射式光电开关。1 个推料气缸和 1 个顶料气缸。

供料单元共有 7 个数字量输入点，2 个数字量输出点。PLC 基本单元模块选用西门子
S7-200CPU222AC/DC/继电器输出（8 点数字量输入/6 点数字量输出）的 PLC。供料单元
的 I/O 地址分配表见表 2-3。

表 2-3 供料单元 PLC 的 I/O 地址分配表

输 入 信 号			输 出 信 号		
序号	输入地址	功　　能	序号	输出地址	功　　能
1	I0.0	顶料气缸伸出到位	1	Q0.0	顶料电磁阀
2	I0.1	顶料气缸缩回到位	2	Q0.1	推料电磁阀
3	I0.2	推料气缸伸出到位	3	Q0.2	
4	I0.3	推料气缸缩回到位	4	Q0.3	
5	I0.4	物料不够检测	5	Q0.4	
6	I0.5	物料有无检测	6	Q0.5	
7	I0.6	料台物料检测			

注：启动、停止、急停信号来自于主站（搬运单元），完成整个系统的控制。物料不够、物料有无、物料台有无物料由本单元 PLC 采集，通过通信方式传送给主站。

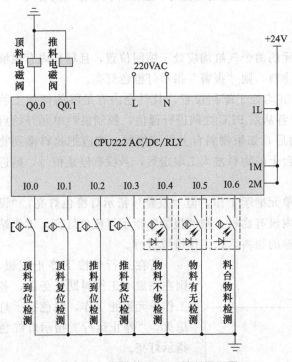

图 2-27　供料单元 PLC 控制原理图

3. 供料单元 PLC 控制原理图

根据地址分配表可以得出 PLC 控制原理图，如图 2-27 所示。

【技能训练】

一、气路安装与调试

1. 气缸安装与调试

气缸安装前，应空载试运转，并在 1.5 倍工作压力下试压，检查运转正常、无漏气现象后方可使用。安装气缸管道前，首先清除管道内脏物，禁止杂物进入气缸内。供料单元气缸及其磁控检测开关安装如图 2-28 所示。气缸紧固安装在支撑板上，气缸在开始运行前，先把缓冲节流阀拧在节流量较小的位置，然后逐渐开大，直到调到满意的缓冲效果。

气缸推杆不使用满行程，特别是当活塞杆伸出时，不要使活塞杆与缸盖相碰。否则，容易引起活塞杆和外部连接处的载荷集中。根据推杆对物料仓内物料的推力大小，确定推杆行程，调节辅助推杆的长度，确定后拧紧辅助推杆紧固螺钉。

安装磁性开关时，保证推杆到位或复位时，磁性开关准确动作，并紧固在气缸上，注意磁性开关的安装位置、缓冲节流阀位置和气管位置协调，便于磁性开关接线和调节节流阀。

2. 电磁阀组的安装与调试

换向电磁阀安装前应进行通电试验，保证可靠动作。安装汇流板与换向电磁阀时，要注意换向电磁阀的方向要一致，标明气流方向。在换向电磁阀和汇流板之间使用专用的密封垫，用规定尺寸的螺栓紧固，在汇流板的出气口安装消声器。应及时检查电磁阀组的气密性后，再把电磁阀组安装在基板上，安装方向应有利于气管的走向。

电磁阀组气路与气缸连接好后，应通电试验，保证换向电磁阀在没有通电的情况下，顶料气缸与推料气缸推杆均为缩回位置。并用手控开关控制换向电磁阀，确保对应的控制气缸动作符合动作要求。

二、电路接线与测试

主站 PLC 中 I1.3、I1.4、I1.5 分别用于启动、停止、急停的控制输入端。分别接到按钮模块的按钮（常开触点）和急停开关上。接通 PLC 之间的数据通信线，保证 PLC 与电源模块之间的 24V 电源的有效连接。测量相关电压数值，检查供料单元 PLC 与控制、检测器件之间的接线。

三、供料单元编程与调试

编程提示：图 2-29 为供料单元 PLC 与主站 PLC 之间的 PPI 通信控制连接图，供料单元的启动、停止、急停控制按钮与主站 PLC 相连，控制信息通过 PPI 通信方式，传递给供料单元（从站），对应的供料单元接收控制信息的地址为 V1000.0、V1000.1、V1000.2。

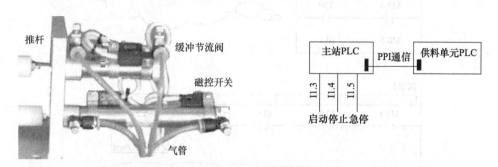

图 2-28　气缸及其磁控检测开关安装　　　图 2-29　主站 PLC 与供料单元 PLC 通信控制

调试提示：调试过程需要软件与硬件联合调试，注意调试程序中延时时间与气缸运动速度之间的关系、气缸磁控开关的位置与程序控制之间的关系、主站 PLC 与从站 PLC 之间的通信参数关系、各种传感器稳定延时与程序延时之间的关系。程序如图 2-30 所示。

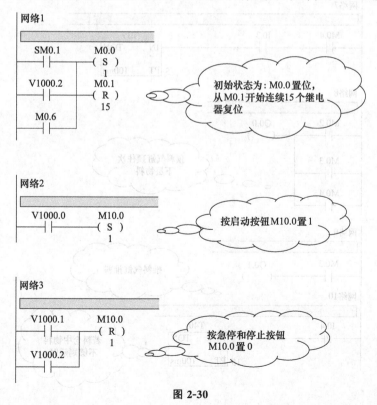

图 2-30

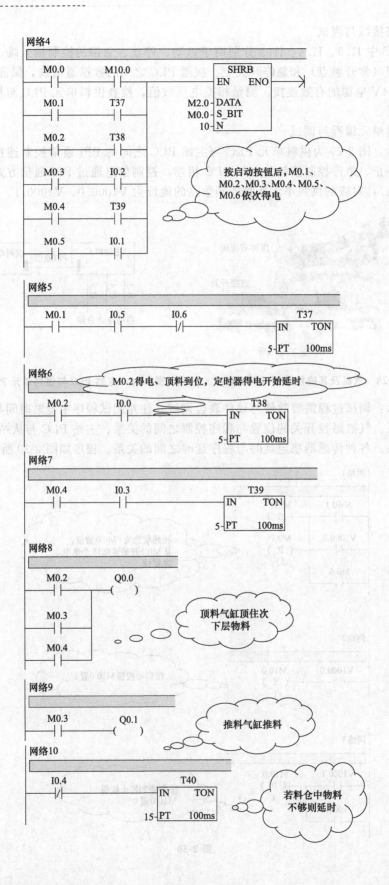

网络4

M0.0　　　M10.0
─┤├────┤├─

M0.1　　　T37
─┤├────┤├─

M0.2　　　T38
─┤├────┤├─

M0.3　　　I0.2
─┤├────┤├─

M0.4　　　T39
─┤├────┤├─

M0.5　　　I0.1
─┤├────┤├─

SHRB
EN　ENO
M2.0─DATA
M0.0─S_BIT
10─N

按启动按钮后，M0.1、M0.2、M0.3、M0.4、M0.5、M0.6依次得电

网络5

M0.1　　　I0.5　　　I0.6
─┤├────┤├────┤/├─

T37
IN　TON
5─PT　100ms

网络6

M0.2得电、顶料到位，定时器得电开始延时

M0.2　　　I0.0
─┤├────┤├─

T38
IN　TON
5─PT　100ms

网络7

M0.4　　　I0.3
─┤├────┤├─

T39
IN　TON
5─PT　100ms

网络8

M0.2　　　Q0.0
─┤├────( )

M0.3
─┤├─

M0.4
─┤├─

顶料气缸顶住次下层物料

网络9

M0.3　　　Q0.1
─┤├────( )

推料气缸推料

网络10

I0.4
─┤/├─

T40
IN　TON
15─PT　100ms

若料仓中物料不够则延时

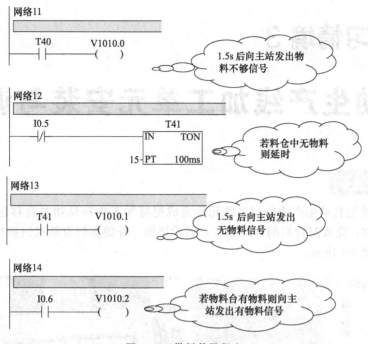

图 2-30　供料单元程序

⭐【考核评价】

① 接通电源，启动气泵，检查气路的气密性，填表 2-4 和表 2-5。

表 2-4　气缸初始状态（无程序运行）

检查项目	缩回/伸出状态	缩回时磁控开关状态	伸出时磁控开关状态
顶料气缸			
推料气缸			

表 2-5　物料检测传感器状态测试

检查项目	料仓物料不足	物料仓无物料	物料台有物料	物料台无物料
料仓物料不够传感器				
料仓物料有无传感器				
物料台有无物料传感器				

② 根据上述状态表，调整气缸、磁控开关、漫反射光电传感器的位置与灵敏度，使之满足要求。

③ 检查气路的气密性，对漏气的气动元件进行调试与维修，详细记录故障现象与处理对策。

④ 指定气路、电路、PLC 程序统调的调试方案，分析调试过程，归纳最为简洁的调试方法。

⑤ 总结供料单元正常工作的条件，分析 PLC 主站与从站之间的通信数据关系。

⑥ 调整 PLC 程序中设定的延时参数，保证系统稳定的前提下，加快系统运行速度，使系统工作效率最高。

学习情境 3

自动生产线加工单元安装与调试

【情境描述】

THJDAL-2 型自动生产线的加工单元是完成把待加工物料从物料台移送到加工区域冲压气缸的正下方，完成对物料的冲压加工，然后把加工好的物料重新送回物料台的过程。加工单元结构如图 3-1 所示。

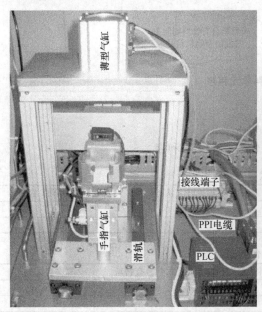

(a) 前视图　　　　　　　　　　(b) 后视图

图 3-1　加工单元结构

任务 1　加工单元基本元件的认知

【任务描述】

要求学生掌握加工单元中气动手指及薄型气缸的结构、功能及应用；能够对气动手指及薄型气缸进行安装与调试；能够对加工单元中传感器元件进行安装与调试。

【知识链接】

THJDAL-2 型自动生产线的加工单元传感器元件包括 5 个磁性开关、1 个漫射式光电开关，所使用气动执行元件包括标准直线气缸（物料台伸缩气缸）、气动手指（夹紧气缸）和薄型气缸（冲压气缸），下面只介绍前面尚未提及的气动手指和薄型气缸。

一、气动手指

1. 气动手指简介

气动手指又名气动夹爪或气动夹指（简称气爪），是利用压缩空气作为动力，用来夹取或抓取物料的执行装置。气动手指气缸能实现各种抓取功能，是现代气动机械手的关键部件。手指气缸的特点如下。

① 所有的结构都是双作用的，能实现双向抓取，可自动对中，重复精度高。

② 抓取力矩恒定。

③ 在气缸两侧可安装非接触式行程检测开关。

④ 有多种安装、连接方式。

⑤ 耗气量少。

气动手指气缸常见的有以下三种，其内部结构示意如图 3-2 所示。

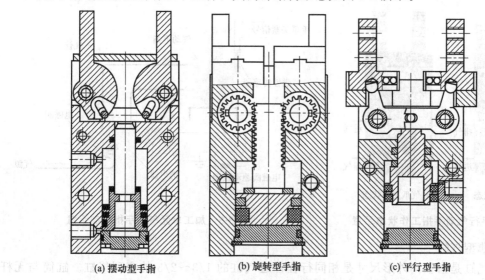

(a) 摆动型手指　　(b) 旋转型手指　　(c) 平行型手指

图 3-2　手指气缸常见内部结构示意

图 3-2（a）所示为摆动型手指气缸，活塞杆上横杆有一个横销轴，手指耳轴与横销轴相连，手指可同时移动且自动对中，确保抓取力矩始终恒定。

图 3-2（b）所示为旋转型手指气缸，手指与齿轮相连，齿条推动齿轮并带动手指旋转。两个手指可同时旋转并自动对中，确保抓取力矩始终恒定。

图 3-2（c）所示为平行型手指气缸，活塞杆上有一个横销轴，拨叉与横销轴相连推动手指平行运动。两个拨叉与同一横销轴相连，确保可同时移动且自动对中。

2. MHZ2-20D 型气动手指

THJDAL-2 型自动生产线加工单元气动手指为平行气动手指，型号为 MHZ2-20D，实物如图 3-3（a）所示，型号参数如图 3-3（b）所示。MHZ2-20D 气动手指为标准型双作用动作方式，手指个数为 2 个，气缸直径 20mm，工作介质、环境温度一般在 -10～60℃，工作压力一般在 0.1～0.7MPa，重复精度为 ±0.01mm。其工作状态示意如图 3-4 所示。

气动手指可以安装磁控开关，用来感测夹紧是否到位，图 3-5 所示为加工单元气动手指控制示意，图中手爪夹紧由单向电控气阀控制，当电控气阀得电气动手指夹紧，当电控气阀断电后，气动手指张开。

(a) 气动手指

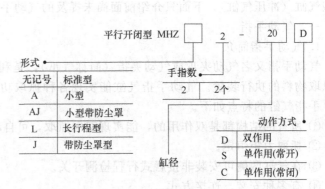

(b) 气动手指型号参数

图 3-3　MHZ2-20D 型气动手指

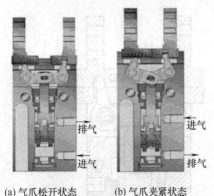

(a) 气爪松开状态　　(b) 气爪夹紧状态

图 3-4　平行气动手指工作状态示意

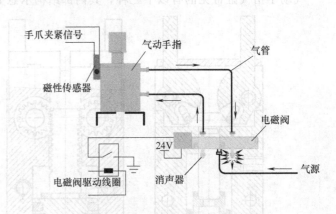

图 3-5　加工单元气动手指控制示意

二、薄型气缸

薄型气缸是指轴向外形尺寸是相同行程普通气缸的 1/3～2/3 的变型气缸。缸筒与无杆侧端盖压铸成一体，杆盖用弹性挡圈固定，缸体为方形，图 3-6 所示为薄型气缸外形，图 3-7 为其内部结构剖面。薄型气缸通常用于固定夹具和搬运中固定物料等。

图 3-6　薄型气缸外形

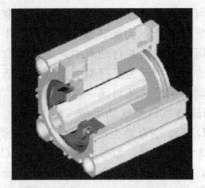

图 3-7　内部结构剖面

THJDAL-2 型自动生产线加工单元使用的薄型气缸用于给物料冲压，行程短。薄型气缸型号为 CQ2B50-20D，其型号参数如图 3-8 所示。具有轴向尺寸小、占空位置少、结构轻

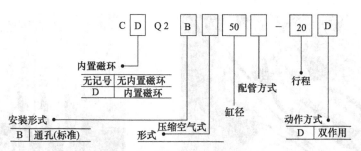

图 3-8 薄型气缸型号参数

巧、外形美观、可紧凑地设计各种夹具和专用机械、能承受较大的横向载荷、可直接安装及无需安装附件等优点。

CQ2B50-20D 薄型气缸的工作介质为空气，直径 20mm。工作介质、环境温度一般在 5~60℃，工作压力一般在 0.1~1.0MPa，重复精度为±0.01mm。

【技能训练】

一、气路器件安装与调试

薄型气缸安装后的位置如图 3-9 所示，安装时将薄型气缸紧固于支架上，安装好磁性开关和相关气路后，调整磁性开关位置，保证薄型气缸的行程；调节缓冲阀（节流阀）以控制推杆的运动速度，满足加工要求。

气动手指安装如图 3-10 所示。先固定好辅助的手指，安装手指气缸到底板上，并把底板安装到滑轨上，接上气管和磁性开关。如图 3-11 所示，在导轨上移动底板，使气动手指中心位置 c 与薄型气缸的推杆轴心 b 相交于 a 处。安装调节直线气缸的推杆，保证此时直线气缸推杆处于缩回状态，同时调节直线气缸的缩回位置磁性开关。直线气缸安装如图 3-12 所示。

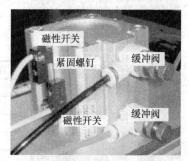

图 3-9 薄型气缸安装

安装加工单元电磁阀组，电磁阀组如图 3-13 所示。安装有三个二位五通的单控电磁阀，

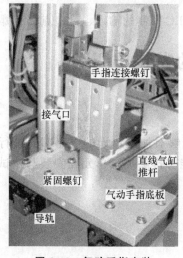

图 3-10 气动手指安装

图 3-11 加工单元位置调试

图 3-12　直线气缸安装

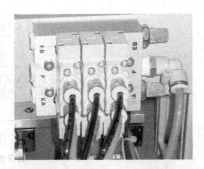

图 3-13　加工单元电磁阀组

分别控制气动手指、直线气缸、薄型气缸。安装后，保证气动手指松开、直线气缸伸出、薄型气缸缩回状态。通过手控开关的控制，观察推杆和手指的运动速度，调节节流阀使运动状态满足工艺需求。

二、光电开关的安装与调试

漫射式光电开关安装如图 3-14 所示，用于检测手指内有无物料。调试时注意物料在手指内不同位置，传感器的检测灵敏度，保证手指内任何位置均能够检测到物料。

漫射式光电开关

图 3-14　光电开关安装

【考核评价】

① 填写表 3-1。

表 3-1　考核评价表

序号	加工单元器件	型号	控制点、功能描述
1			
2			
3			
4			
5			
6			
7			
8			

② 依据加工单元的基本器件情况，分析用于 PLC 控制的输入、输出点都有哪些。

任务 2　加工单元的安装与调试

【任务描述】

要求学生掌握加工单元的结构与工作过程；能够对加工单元的电路部分进行安装与调试；能够使用 PLC 编程并对运行过程进行调试；能够排除加工单元在安装与调试中出现的问题。

【知识链接】

一、加工单元的结构与工作过程

1. 加工单元的结构

加工单元主要由物料台、夹紧机械手、物料台伸缩气缸、加工（冲压）气缸、线性导轨及滑块、调压过滤器以及相应的传感器、电磁阀、安装支架构成。结构如图 3-15 所示。物料台用于固定被加工物料，并把物料移到加工（冲压）机构正下方进行冲压加工。

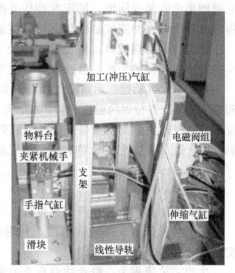

2. 加工单元的工作过程

滑动物料台在系统正常工作后，初始状态为伸缩气缸伸出、冲压气缸缩回、物料台气动手爪张开的状态。当搬运单元搬运机械手把物料运送到加工单元物料台上，且物料检测传感器检测到物料后，PLC 控制程序驱动气动手指将物料夹紧，然后物料台缩回到加工区域的冲压气缸下方；到位后，冲压气缸向下伸出冲压物料，完成冲压动作后缩回。冲压气缸缩回到位后，物料台重新伸出，伸出到位后，机械手指松开，由搬运单元机械手伸出并夹紧物料，将其运送至装配单元。

图 3-15　加工单元主要结构组成

在滑动物料台上安装一个 3B03-1K 型漫射式光电开关，用来识别物料台上是否有物料，从而决定滑动物料台上的气动手指是否夹紧。滑动物料台伸出和返回到位通过调整伸缩气缸上两个型号为 D-A73 的磁性开关位置来定位。要求缩回位置位于加工冲头正下方；伸出位置应与输送单元的抓取机械手位置配合，确保输送单元的抓取机械手能顺利地把待加工物料抓走。加工机构的冲压气缸（薄型气缸）伸出和缩回到位以及气动手指夹紧到位分别通过型号为 D-C73 的磁性开关位置决定。

二、加工单元的气动控制

加工单元的物料台伸缩气缸、冲压气缸和气动手指均用二位五通的带手控开关的单控电磁阀控制。电磁阀失电时，伸缩气缸伸出、冲压气缸缩回、物料台气动手指张开（初始状

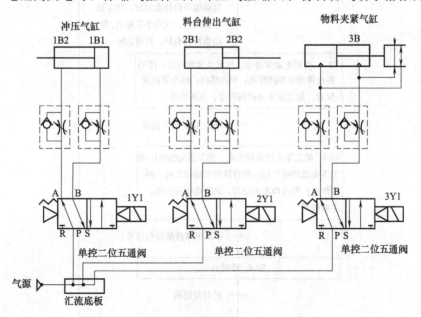

图 3-16　加工单元气动控制回路工作原理

态），反之，当电磁阀得电时，伸缩气缸缩回、冲压气缸伸出、物料台气动手指夹紧。三个电磁阀集中安装成阀组，固定在冲压支撑架后面。这三个电磁阀分别对冲压气缸、物料台手指气缸和物料台伸缩气缸的气路进行控制，以改变各自的动作状态。

在进行设备调试时，使手控开关处于开启位置，可以使用手控开关对阀进行控制，从而实现对相应气路的控制，以改变冲压缸等执行机构的控制，达到调试的目的。

加工单元气动控制回路的工作原理如图 3-16 所示。1B1 和 1B2 为安装在冲压气缸的伸出和缩回极限工作位置的磁控开关，2B1 和 2B2 为安装在物料台伸缩气缸的伸出和缩回极限工作位置的磁控开关，3B 为安装在手指气缸夹紧工作位置的磁控开关。1Y1、2Y1 和 3Y1 分别为控制冲压气缸（薄型气缸）、物料台伸缩气缸（直线气缸）和手指气缸的电磁阀的电磁控制端。

【技能训练】

一、编制加工单元生产工艺流程

加工单元依靠 PPI 通信网络，利用位于搬运单元的启动按钮、停车按钮和急停按钮来实现启动、停车及急停操作。

生产工艺流程为：滑动物料台上的漫射式光电开关检测到有物料后→气动手指将物料夹紧→滑动物料台回到加工区域冲压气缸下方→冲压气缸活塞杆向下伸出冲压物料→冲压气缸完成冲压动作后向上缩回→滑动物料台重新伸出→到位后气动手指松开，加工工序完成。同时向系统发出加工完成信号，为下一次物料到来加工做准备。

供料单元自动循环控制工艺流程如图 3-17 所示。

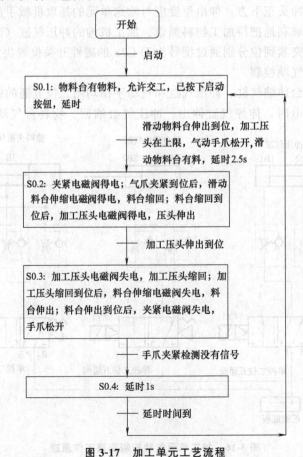

图 3-17 加工单元工艺流程

二、分配加工单元 PLC 的 I/O 地址

加工单元中输入点有 4 个检测气缸极限位置的磁性开关、1 个检测气动手爪夹紧到位的磁性开关以及 1 个检测滑动物料台上有无物料的漫射式光电开关。输出点有 1 个冲压气缸、1 个物料台伸缩气缸和 1 个手指气缸。

加工单元共有 6 个数字量输入点，3 个数字量输出点。基本单元模块选用西门子 S7-200CPU222AC/DC/继电器输出（8 点数字量输入/6 点数字量输出）的 PLC。加工单元的 I/O 地址分配表见表 3-2。

表 3-2　加工单元 PLC 的 I/O 地址分配表

输入信号			输出信号		
序号	输入地址	功　能	序号	输出地址	功　能
1	I0.0	料台有无物料检测	1	Q0.0	气爪夹紧电磁阀
2	I0.1	气动手指夹紧检测	2	Q0.1	料台伸缩电磁阀
3	I0.2	料台伸出检测	3	Q0.2	冲压电磁阀
4	I0.3	料台缩回检测	4	Q0.3	
5	I0.4	加工压头上限	5	Q0.4	
6	I0.5	加工压头下限	6	Q0.5	

注：检验输入输出点与相关器件的电气连接线是否符合表中要求，并进行调整。

三、绘制单元 PLC 控制原理图

根据地址分配表可以得出 PLC 控制原理图，如图 3-18 所示。

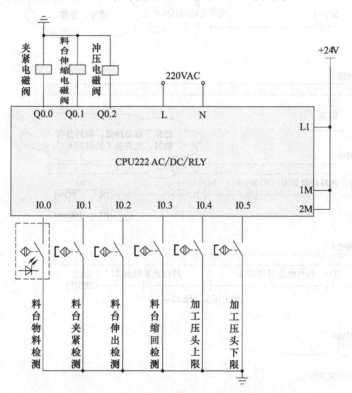

图 3-18　加工供料单元 PLC 控制原理图

按照原理图检查 PLC 与气动元件、检测器件接线是否满足要求。

四、编制加工单元控制程序

程序如图 3-19 所示。

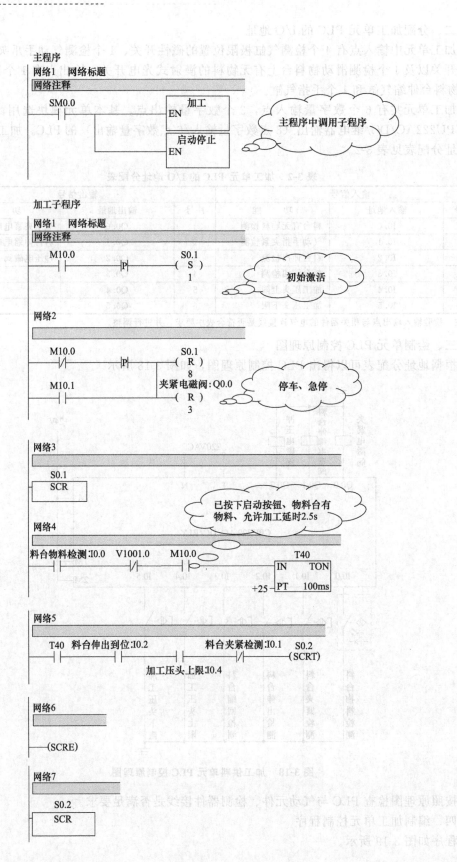

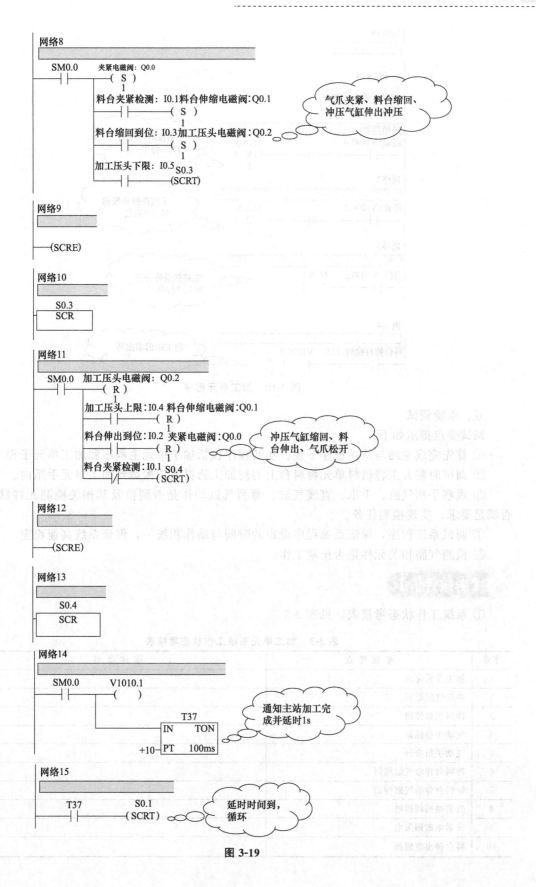

网络8

SM0.0　夹紧电磁阀：Q0.0
　├┤├──────(S)
　　　　　　　　1
　　料台夹紧检测：I0.1料台伸缩电磁阀：Q0.1
　　├┤├──────(S)
　　　　　　　　1
　　料台缩回到位：I0.3加工压头电磁阀：Q0.2
　　├┤├──────(S)
　　　　　　　　1
　　加工压头下限：I0.5 S0.3
　　├┤├──────(SCRT)

气爪夹紧、料台缩回、冲压气缸伸出冲压

网络9

──(SCRE)

网络10

S0.3
SCR

网络11

SM0.0　加工压头电磁阀：Q0.2
　├┤├──────(R)
　　　　　　　　1
　　加工压头上限：I0.4料台伸缩电磁阀：Q0.1
　　├┤├──────(R)
　　　　　　　　1
　　料台伸出到位：I0.2夹紧电磁阀：Q0.0
　　├┤├──────(R)
　　　　　　　　1
　　料台夹紧检测：I0.1 S0.4
　　├/├──────(SCRT)

冲压气缸缩回、料台伸出、气爪松开

网络12

──(SCRE)

网络13

S0.4
SCR

网络14

SM0.0　V1010.1
├┤├────( )
　　　　　　　　　T37
　　　　　　　IN　　TON
　　　+10─PT　100ms

通知主站加工完成并延时1s

网络15

T37　　　S0.1
├┤├────(SCRT)

延时时间到，循环

图 3-19

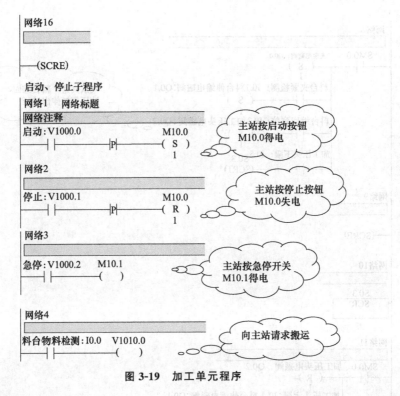

图 3-19　加工单元程序

五、系统调试

调试要点提示如下。

① 首先完成主站与从站程序下装。从站程序包括加工单元主程序和加工单元子程序。

② 调试时需人工将供料单元物料台上的待加工物料人工搬运到加工单元手爪内。

③ 观察手指气缸、手爪、直线气缸、薄型气缸动作是否到位及其相关检测元件状态是否满足要求，实现检测任务。

④ 调试系统程序，保证系统程序设定的时间与动作相统一，保证系统高速稳定。

⑤ 检测气路相关元件是否正常工作。

【考核评价】

① 系统工作状态考核表，见表 3-3。

表 3-3　加工单元系统工作状态考核表

序号	考核要点	描述条件
1	加工单元完成	
2	冲压气缸缩回	
3	冲压气缸伸出	
4	气动手指抓紧	
5	气动手指松开	
6	物料台伸缩气缸缩回	
7	物料台伸缩气缸伸出	
8	夹紧电磁阀得电	
9	夹紧电磁阀失电	
10	料台伸出电磁阀	

续表

序号	考 核 要 点	描 述 条 件
11	料台缩回电磁阀	
12	冲压电磁阀得电	
13	冲压电磁阀失电	

② 分别用硬件和软件设置物料台伸缩不到位，冲压气缸开始冲压的故障现象，总结故障出现的原因。

③ 设置主站 PLC 工作不正常或者通信出现问题，观察从站的工作情况，总结通信设置经验。

学习情境 4

自动生产线装配单元安装与调试

【情境描述】

THJDAL-2 型自动生产线的装配单元是将生产线中分散的两个物料进行装配的过程。主要是通过对自身物料仓库的物料按生产需要进行分配，并使用机械手将其插入来自加工单元的物料中心孔的过程。具体功能是将料仓内的黑色或白色小圆柱物料嵌入到放置在装配料斗的待装配大物料中的装配过程。装配单元的结构如图 4-1 所示。

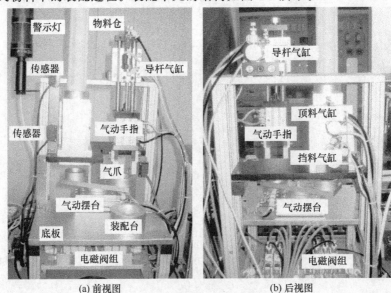

(a) 前视图　　　　　　　　　　　　(b) 后视图

图 4-1　装配单元的结构

任务 1　装配单元基本元件的认知

【任务描述】

要求学生掌握供料单元中气动摆台及导杆气缸的结构、功能及应用；能够对供料单元中气动元件安装与调试；能够对供料单元中传感器元件进行安装与调试。

【知识链接】

THJDAL-2 型自动生产线的装配单元中使用的新型器件有气动摆台、导杆气缸。

一、气动摆台

气动摆台（摆动气缸）将压缩空气的压力能转换成机械能，输出力矩使机构在小于

360°角度范围内做往复摆动。常用的摆动气缸的最大角度分别为 90°、180°、270°三种规格，用于物体的转位、翻转、分类、夹紧、阀门的开闭以及机器人的手臂动作等。

齿轮齿条式摆动气缸在气压力下，推动活塞带动齿条作直线运动，齿条推动齿轮作回转运动，由齿轮轴输出力矩并带动外负载摆动。摆动平台是在转轴上安装了一个平台，平台可在一定角度范围内摆动。

叶片式摆缸用内部止动块或外部挡块来改变其摆动角度。止动块与缸体固定在一起，叶片与转轴连在一起。气压作用在叶片上，带动转轴回转，并输出力矩。叶片式摆动气缸有单叶片式和双叶片式。双叶片式的输出力矩比单叶片式大一倍，但转角小于 180°。

THJDAL-2 型自动生产线装配单元摆动气缸的型号为 MSQB10R，由直线气缸驱动齿轮齿条实现回转运动，定子上有两条气路，当左路进气时，右路排气，压缩空气推动叶片带动转子做顺时针摆动；反之，做逆时针摆动。调整角度范围为 0~180°之间，缸径 10mm，垂直及水平位置精度±0.01mm，内置磁环，可安装磁性开关，用来检测到位信号。实物如图 4-2（a）所示，图 4-2（b）为剖面图，其型号含义及其对安装磁控开关的要求如图 4-2（c）所示。

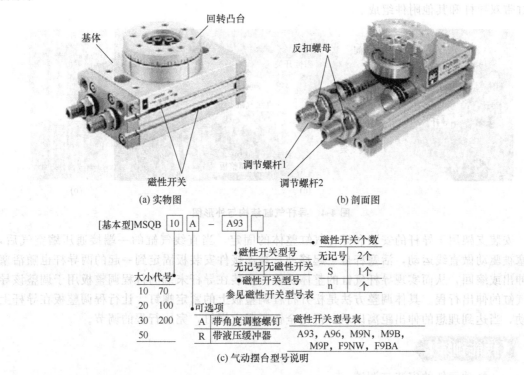

图 4-2　气动摆台

气动摆台的摆动回转角度可在 0~180°范围内任意调整。当需要调节回转角度或调整摆动位置精度时，应首先松开调节螺杆上的反扣螺母，通过旋入和旋出调节螺杆，改变回转凸台的回转角度，调节螺杆 1 和调节螺杆 2 分别用于左旋和右旋角度的调整。调节螺杆每旋转一周，回转凸台改变 10.2°，当调整好摆动角度后，应将反扣螺母与基体反扣锁紧，防止调节螺杆松动，造成回转精度降低。

回转到位的信号是通过调整气动摆台滑轨内的 2 个磁性开关的位置实现的，图 4-3 是调整磁性开关位置的示意。磁性开关安装在气缸体的滑轨内，松开磁性开关的紧固螺钉，磁性开关就可以沿着滑轨左右移动。确定磁性开关位置后，旋紧紧固螺钉，即可完成位置的调整。

图4-3 磁性开关位置调整示意

二、导杆气缸

导杆气缸是指具有导杆功能的气缸，一般为标准气缸和导杆装置的集合体。导杆气缸具有导杆精度高，抗扭转力矩、承载能力强，工作平稳等特点。装配单元用于驱动装配机械手水平方向移动和垂直方向运动的导杆气缸外形如图4-4（a）、（b）所示。该气缸由直线运动气缸带双导杆和其他附件组成。

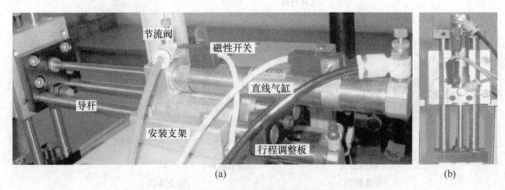

图4-4 导杆气缸结构与外形图

安装支架用于导杆的安装和导杆气缸整体的固定，当直线气缸的一端接通压缩空气后，活塞被驱动做直线运动，活塞杆也一起移动，被连接件安装板固定到一起的两导杆也随活塞杆伸出或缩回，从而实现导杆气缸的整体功能。安装在导杆末端的行程调整板用于调整该导杆气缸的伸出行程。具体调整方法是松开行程调整板上的紧定螺钉，让行程调整板在导杆上移动，当达到理想的伸出距离以后，再完全锁紧紧定螺钉，完成行程的调节。

【技能训练】

一、气动元件的安装与调试

主要安装气动摆台、两个导杆气缸、手指气缸及其附件等。调试中注意下列问题。

① 导杆气缸伸缩行程的调整，行程调整板保证行程距离正好满足手爪物料的搬运起点与终点位置。

② 气动摆台摆动角度的调整，保证物料装配位置到位准确、物料运输气爪与摆台的配合关系。

二、传感器的安装与调试

任务实施的核心技能就是按照工艺需求安装，安装后，调整传感器的位置。注意以下问题。

① 物料仓下端传感器用于检测物料的有无，保证有物料时动作；上面的传感器用于检

测物料是否充足，调整到缺少物料状态时动作状态。

② 导杆气缸的磁性开关用于检测伸缩是否到位，动作点是否满足工艺要求。

③ 气动摆台磁性开关动作符合摆台摆动角度的检测。

⭐ 【考核评价】

填表 4-1，记录安装与调试过程。

表 4-1　考核评价表

建议安装顺序	器件名称	调试点	备　注

任务 2　装配单元的安装与调试

📋 【任务描述】

要求学生掌握装配单元的结构与工作过程；能够对装配单元的气动摆台、导杆气缸进行安装与调试；能够对装配单元的电路部分进行安装与调试；能够使用 PLC 编程并对运动过程进行调试；能够排除装配单元在安装与调试中出现的问题。

👉 【知识链接】

一、加工装配的结构与工作过程

1. 装配单元的结构

装配单元主要由物料仓、气动摆台、气动手指、导杆气缸、装配台、警示灯、相应的传感器、电磁阀、安装支架及其控制系统 PLC 构成，结构如图 4-1 所示。

(1) 供料部分　由简易物料仓库和物料分配机构组成，如图 4-5 所示。简易物料仓库为白色空心圆柱形塑料管，直接插装在物料分配机构的底座连接孔中。黑色或白色两种物料竖直放入料仓的空心圆柱内，物料在重力作用下自由下落。在料仓的外部安装两个漫反射光电传感器（E3Z-LS61），分别用来检测料仓物料不足和物料有无，提供报警信号。光电传感器的灵敏度调整应该以能检测到黑色信号为准。

物料分配机构主要由两个直线气缸（CDJ2B16-30）组成。两个气缸按照上下位置安装，上面的气缸称为顶料气缸，下面的气缸称为挡料气缸。两直线气缸均装有检测气缸伸出到位与缩回到位的磁性开关（D-C73），用于动作到位检测。

(2) 旋转送料部分　由气动摆台和料盘构成，如图 4-6 所示。气动摆台驱动料盘旋转180°，磁性开关（SMCD-A93）用来检测气动摆台是否旋转到位，旋转到位则红色指示灯亮，并把检测到的信号传给 PLC。在 PLC 的控制下，实现有序、往复循环动作。光电传感

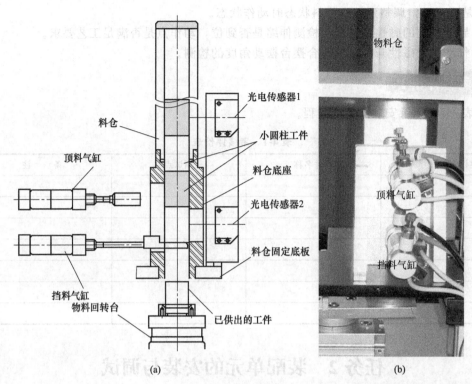

图 4-5   供料部分结构

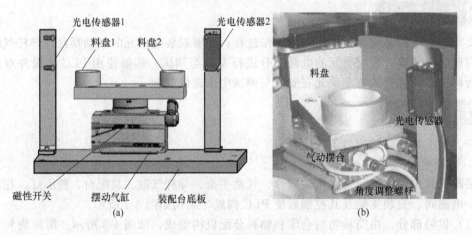

图 4-6   旋转送料部分结构

器 1 和光电传感器 2（ES2-SL61）分别用来检测两个料盘是否有料。

（3）装配机械手部分   由水平方向移动的导杆气缸（GD16×100）、竖直方向移动的导杆气缸（GD16×50）和气动手指（MHZI-20D）组成，如图 4-7 所示。2 个导杆气缸均装有检测伸出到位和缩回到位的磁性开关，气动手指装有一个检测夹紧到位的磁性开关。

（4）装配台部分   装配台上装有一个料斗，搬运单元运送来的半成品物料直接放置在料斗中，如图 4-8 所示。料斗的侧面装有一个光电传感器（E3X-ID），只有光电传感器检测到料斗中有半成品物料，装配工作才能开始。

（5）电磁阀组   装配单元有 6 个二位五通单控电磁换向阀，组成两个阀组，分别控制气动摆台、顶料气缸、挡料气缸、垂直运动的导杆气缸、水平运动的导杆气缸、气动手指等气

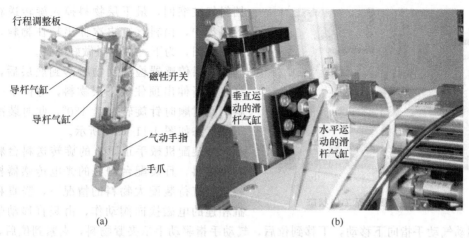

行程调整板

磁性开关

导杆气缸

导杆气缸

气动手指

手爪

垂直运动的滑杆气缸

水平运动的滑杆气缸

(a)　　　　　　(b)

图 4-7　装配机械手结构

动执行器件，如图 4-9 所示。

2. 装配单元工作过程

装配单元是将料仓内的黑色或白色小圆柱物料嵌入到放置在装配料斗中的待装配的大圆柱物料中的装配过程。物料装配前后的形式如图 4-10 所示。

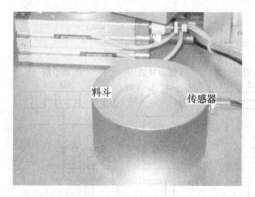

料斗

传感器

图 4-8　装配台结构

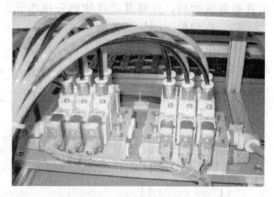

图 4-9　装配单元的电磁阀组

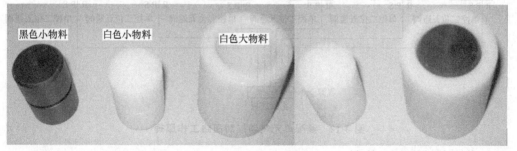

黑色小物料　　白色小物料　　白色大物料

(a) 大、小物料　　　　　　(b) 小物料装入大物料

图 4-10　物料装配示意

初始状态时，如图 4-5 所示，挡料气缸伸出，顶料气缸缩回，这样物料无法下落。

系统正常运行后，搬运机械手把半成品大物料运送到装配站物料台上，旋转送料部分旁边的光电传感器检测到料盘需要物料时，顶料气缸伸出，顶住次下层物料，使其不能下落，

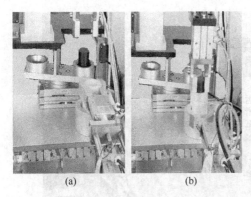

(a)　　　　(b)

图 4-11　装配单元工作状态

挡料气缸缩回，最下层物料掉入旋转送料部分的料盘中，挡料气缸再次伸出挡住物料，顶料气缸缩回，为下一次分料做好准备。

物料传感器检测到物料落到底层后，顶料气缸重新伸出顶住次下层物料，等待下一次落料，同时顺时针旋转料盘 180°。此时装配单元工作状态如图 4-11 （a）所示。

当装配机械手正下方的旋转送料台料盘上有小物料，且装配台侧面的光电传感器检测到料盘上有待装配大物料的情况下，竖直移动气缸相连的电磁换向阀动作，由竖直移动带导杆气缸驱动气动手指向下移动，下移到位后，气动手指驱动手爪夹紧物料，夹紧到位后，竖直移动气缸复位，被夹紧的物料随气动手指一并提起，离开旋转送料部分的料盘。提升到位后，水平移动气缸在与之对应的换向阀的驱动下，活塞杆伸出，移动到气缸前端位置后，竖直移动气缸再次被驱动下移，移动到最下端位置，进行大小物料的装配，此时装配单元工作状态如图 4-11 （b）所示。装配后气动手指松开，经短暂延时，竖直移动气缸复位，水平移动气缸复位，机械手恢复初始状态。同时逆时针旋转料盘 180°回到原位，搬运站机械手伸出并抓取该物料，并将其送往物料分拣单元。

二、装配单元的气动控制

装配单元气动控制回路的工作原理如图 4-12 所示。

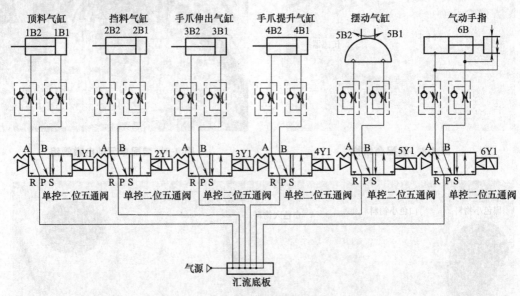

图 4-12　装配单元气动控制回路工作原理

三、装配单元的 PLC 控制

1. 装配单元生产工艺控制流程

（1）初始状态　设备上电和气源接通后，各气缸处于初始位置，此时，挡料气缸处于伸出状态，顶料气缸处于缩回状态；装配机械手的升降气缸处于提升状态，伸缩气缸处于缩回状态，气爪处于松开状态；料仓上已经有足够的小圆柱零件。若料仓中物料不足或没有物料，则"报警"指示灯橙色灯亮。

（2）启动控制　若设备准备好，按下启动按钮，通过网络通信控制装配单元启动，"设备运行"指示灯绿色指示灯常亮。如果回转台上的左料盘内没有小圆柱物料，则执行下料操作；如果左料盘内有零件，而右料盘内没有零件，执行回转台回转操作。

（3）装配机械手　如果回转台上的右料盘内有小圆柱物料且装配台上有待装配物料，执行装配机械手抓取小圆柱物料，放入待装配物料中的操作。完成装配任务后，装配机械手应

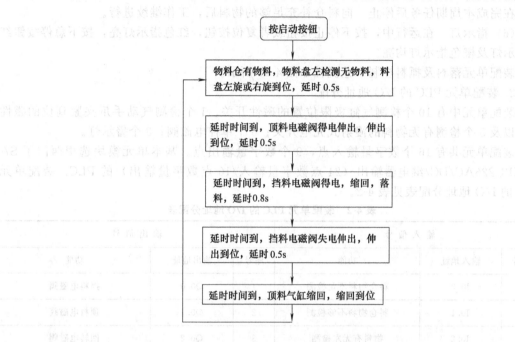

(a) 落料工艺流程

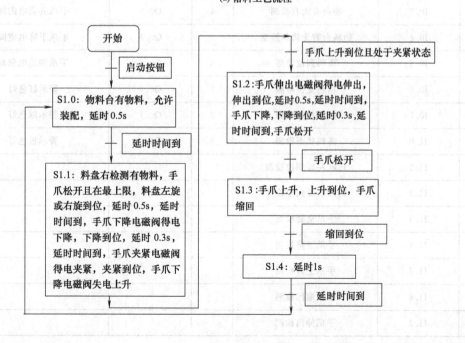

(b) 抓料工艺流程

图 4-13　装配单元落料及抓料工艺流程

返回初始位置，等待下一次装配。

（4）停止　若在运行过程中按下停止按钮，通过网络通信控制，供料机构应立即停止供料，在装配条件满足的情况下，装配单元在完成本次装配后停止工作。

（5）报警　若在运行中料仓内物料不足，则工作单元继续工作，但"报警"指示灯橙色灯亮，"设备运行"指示灯保持常亮。若料仓内没有物料，则"报警"指示灯橙色灯亮。工作站在完成本周期任务后停止。向料仓补充足够的物料后，工作继续进行。

（6）指示灯　在运行中，按下停止按钮或者复位按钮，红色指示灯亮，按下急停按钮红色指示灯及橙色指示灯均亮。

装配单元落料及抓料控制工艺流程如图 4-13 所示。

2. 装配单元 PLC 的 I/O 地址分配

装配单元中有 10 个检测气缸极限位置的磁性开关、1 个检测气动手爪夹紧到位的磁性开关以及 5 个检测有无物料的漫射式光电开关；6 个单控电磁阀；3 个警示灯。

装配单元共有 16 个数字量输入点，9 个数字量输出点。基本单元模块选用西门子 S7-200CPU226AC/DC/继电器输出（24 点数字量输入/16 点数字量输出）的 PLC。装配单元 PLC 的 I/O 地址分配表见表 4-2。

表 4-2　装配单元 PLC 的 I/O 地址分配表

输入信号			输出信号		
序号	输入地址	功能	序号	输出地址	功能
1	I0.0	料仓物料不足检测	1	Q0.0	挡料电磁阀
2	I0.1	料仓物料不够检测	2	Q0.1	顶料电磁阀
3	I0.2	物料有无左检测	3	Q0.2	回转电磁阀
4	I0.3	物料有无右检测	4	Q0.3	手爪夹紧电磁阀
5	I0.4	物料台有无物料检测	5	Q0.4	手爪下降电磁阀
6	I0.5	顶料到位检测	6	Q0.5	手爪伸出电磁阀
7	I0.6	顶料复位检测	7	Q0.6	警示红色灯
8	I0.7	挡料状态检测	8	Q0.7	警示绿色灯
9	I1.0	落料状态检测	9	Q1.0	警示橙色灯
10	I1.1	转缸左旋到位检测			
11	I1.2	转缸右旋到位检测			
12	I1.3	手爪夹紧检测			
13	I1.4	手爪下降检测			
14	I1.5	手爪上升检测			
15	I1.6	手爪缩回检测			
16	I1.7	手爪伸出检测			

3. 装配单元 PLC 控制原理图

根据地址分配表可以得出 PLC 控制原理图，如图 4-14 所示。

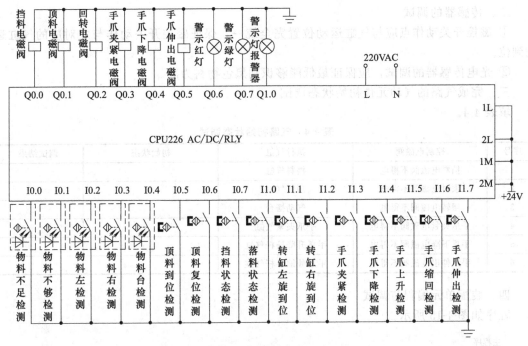

图 4-14　装配单元 PLC 控制原理图

【技能训练】

一、PLC 控制电路接线

要求：按照装配单元 PLC 控制原理图，完成系统接线，画出端子排及其 PLC 的实际接线图，配置 PLC 的网络系统。检测 PLC 的输入端子与传感器之间的关系。填写表 4-3，验证传感器与 PLC 输入端子之间的关系。

表 4-3　传感器与 PLC 输入端子之间的关系

序号	传感器	动作条件	动作状态	输入端口
1	料仓物料不足检测			
2	料仓物料不够检测			
3	物料有无左检测			
4	物料有无右检测			
5	物料台有无物料检测			
6	顶料到位检测			
7	顶料复位检测			
8	挡料状态检测			
9	落料状态检测			
10	转缸左旋到位检测			
11	转缸右旋到位检测			
12	手爪夹紧检测			
13	手爪下降检测			
14	手爪上升检测			
15	手爪缩回检测			
16	手爪伸出检测			

二、传感器的调试

① 磁控开关动作点应与气缸运动位置完全统一，保证磁控开关动作与之对应的气缸运动到位。

② 光电传感器的调试，应保证最低能够识别黑色物料为准。

三、完成气路的气动元件初始状态调试

填表 4-4。

表 4-4　气路初始状态调试

序号	控制电磁阀	执行气缸	初始状态	调试结果
1	挡料电磁阀不得电	挡料气缸		
2	顶料电磁阀不得电	顶料气缸		
3	回转电磁阀不得电	气动摆台		
4	手爪夹紧电磁阀不得电	手爪夹紧气缸		
5	手爪下降电磁阀不得电	手爪升降导杆气缸		
6	手爪伸出电磁阀不得电	手爪伸缩导杆气缸		

四、装配单元编程与调试

程序如图 4-15 所示。

主程序

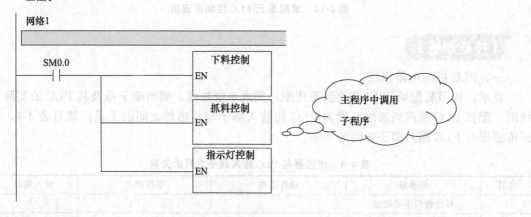

下料控制子程序

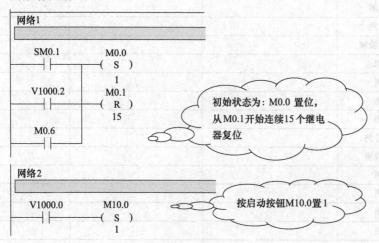

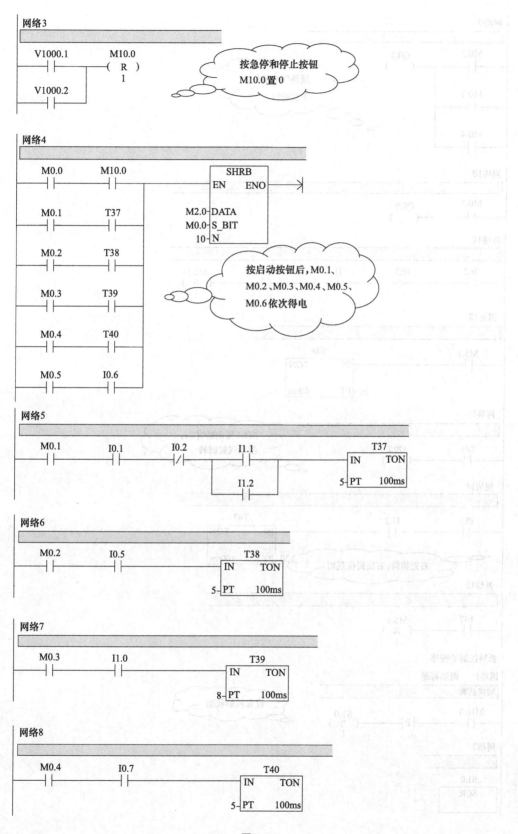

图 4-15

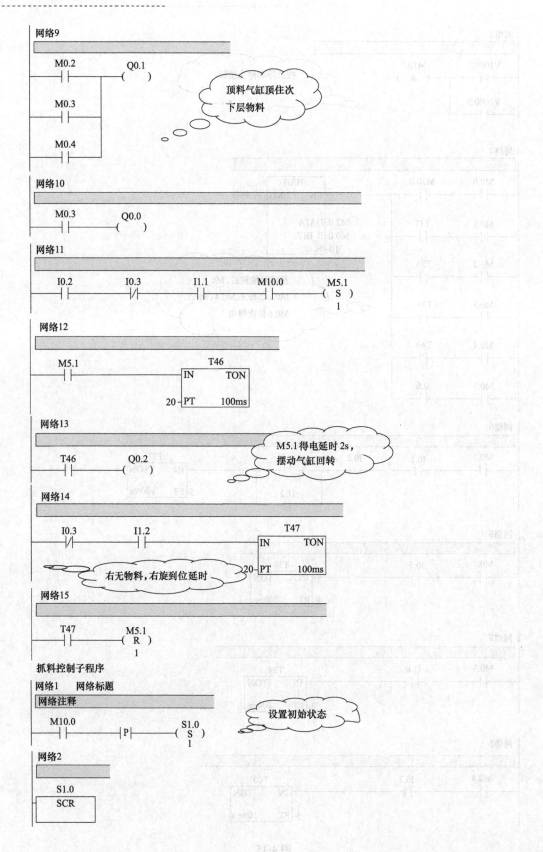

网络9

M0.2 —| |— (Q0.1)

M0.3 —| |—

M0.4 —| |—

顶料气缸顶住次下层物料

网络10

M0.3 —| |— (Q0.0)

网络11

I0.2 —| |— I0.3 —|/|— I1.1 —| |— M10.0 —| |— (M5.1 S 1)

网络12

M5.1 —| |— T46
IN   TON
20 — PT   100ms

网络13

T46 —| |— (Q0.2)

M5.1得电延时2s，摆动气缸回转

网络14

I0.3 —| |— I1.2 —| |— T47
IN   TON
20 — PT   100ms

右无物料，右旋到位延时

网络15

T47 —| |— (M5.1 R 1)

抓料控制子程序

网络1   网络标题

网络注释

M10.0 —| |— —|P|— (S1.0 S 1)

设置初始状态

网络2

S1.0
SCR

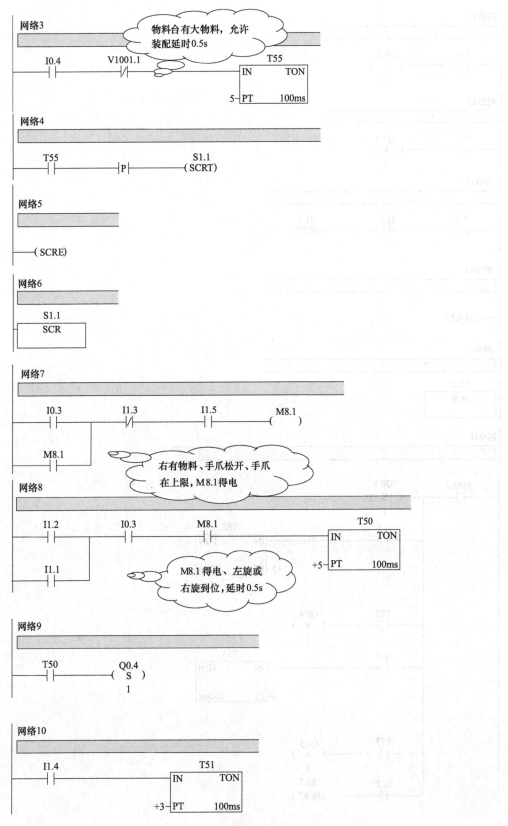

图 4-15

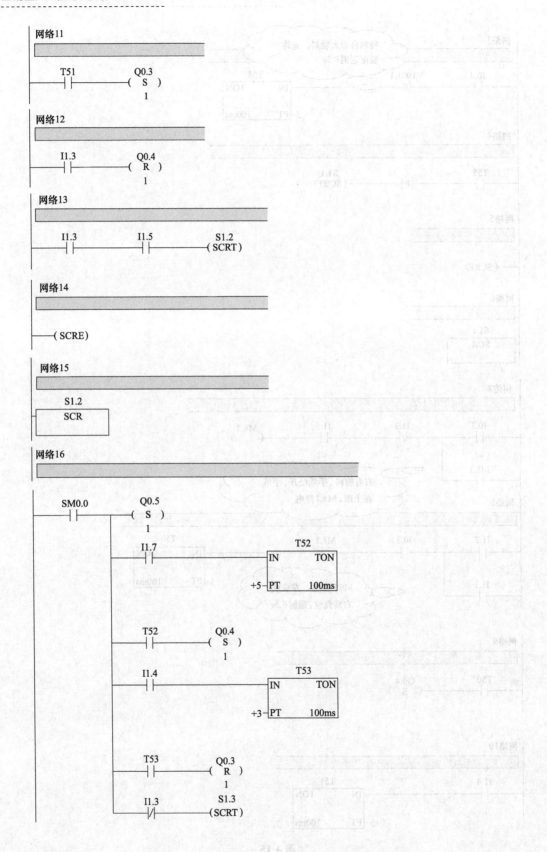

网络11

```
  T51        Q0.3
──┤├──────────( S )
                1
```

网络12

```
  I1.3       Q0.4
──┤├──────────( R )
                1
```

网络13

```
  I1.3    I1.5       S1.2
──┤├─────┤├─────────(SCRT)
```

网络14

```
──( SCRE )
```

网络15

```
  S1.2
 ┌──────┐
 │ SCR  │
 └──────┘
```

网络16

```
 SM0.0      Q0.5
──┤├──────────( S )
 │              1
 │
 │   I1.7                          T52
 ├──┤├──────────────────────┤IN      TON│
 │                     +5 ──┤PT    100ms│
 │
 │   T52       Q0.4
 ├──┤├──────────( S )
 │                1
 │
 │   I1.4                          T53
 ├──┤├──────────────────────┤IN      TON│
 │                     +3 ──┤PT    100ms│
 │
 │   T53       Q0.3
 ├──┤├──────────( R )
 │                1
 │   I1.3       S1.3
 └──┤├─────────(SCRT)
```

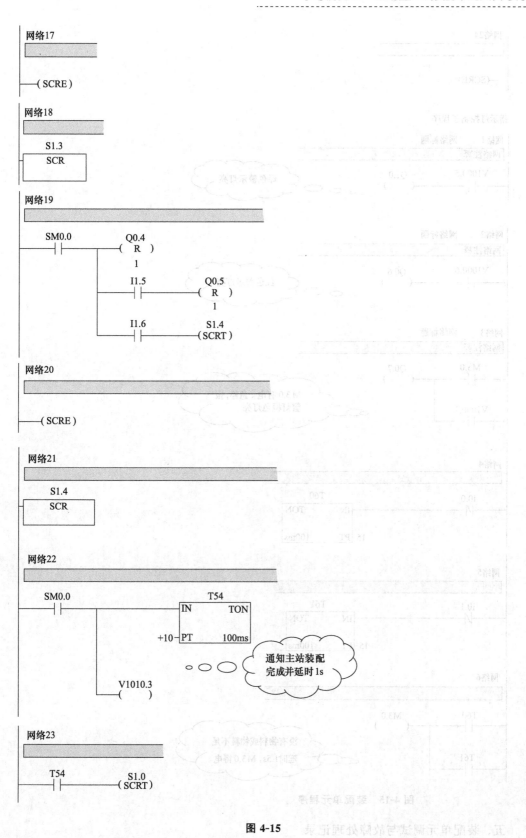

图 4-15

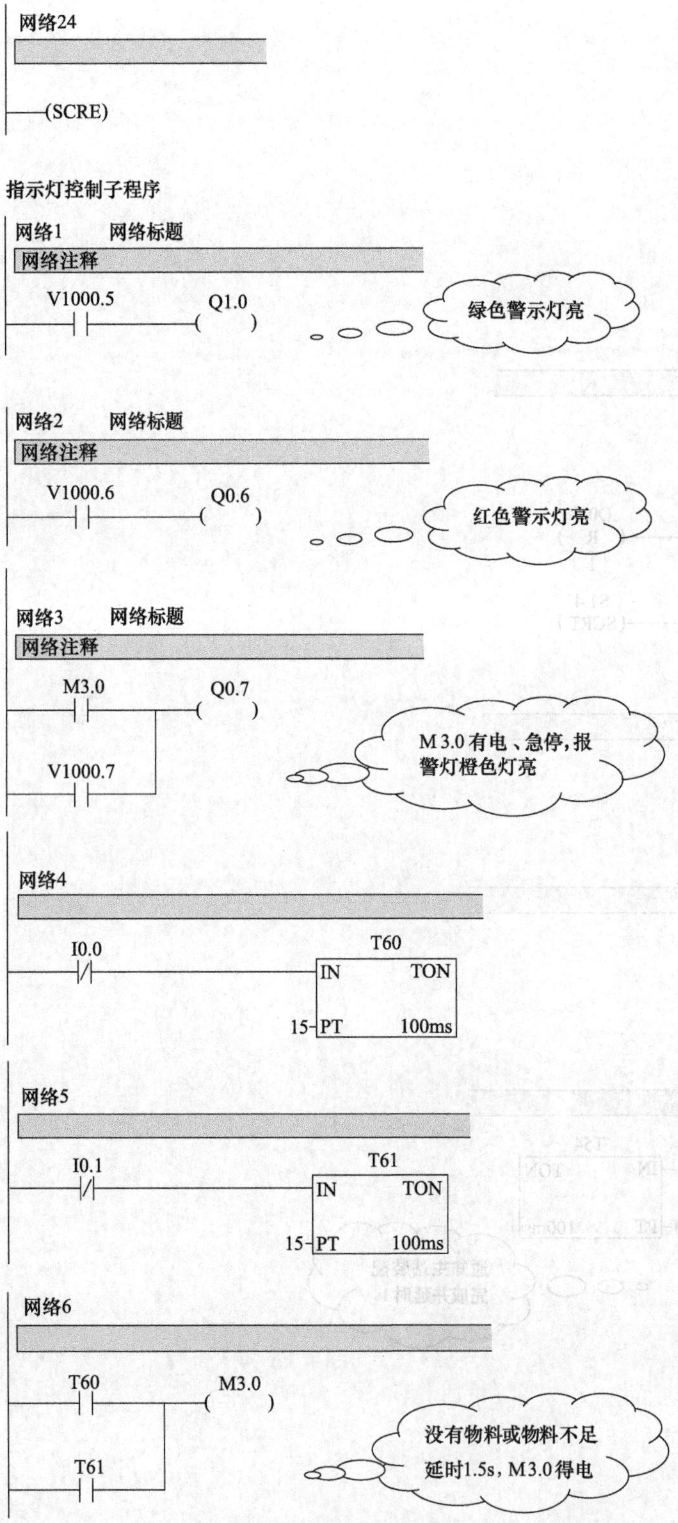

网络24

——(SCRE)

指示灯控制子程序

网络1　　网络标题

网络注释

V1000.5　　Q1.0
——| |——（　）

绿色警示灯亮

网络2　　网络标题

网络注释

V1000.6　　Q0.6
——| |——（　）

红色警示灯亮

网络3　　网络标题

网络注释

M3.0　　Q0.7
——| |——（　）

V1000.7
——| |——

M 3.0 有电、急停,报警灯橙色灯亮

网络4

I0.0　　　　　　　　　　T60
——|/|——　　　　　IN　　TON

15—PT　　100ms

网络5

I0.1　　　　　　　　　　T61
——|/|——　　　　　IN　　TON

15—PT　　100ms

网络6

T60　　　　M3.0
——| |——（　）

T61
——| |——

没有物料或物料不足延时1.5s, M3.0得电

图 4-15　装配单元程序

五、装配单元调试与故障处理记录

填表 4-5。

表 4-5   调试与故障处理记录

序号	故障现象	故 障 点	调试与处理办法
1			
2			
3			
4			
5			

六、提出提高装配单元稳定性与工作效率的意见与实施办法

通过本训练提出提高装配单元稳定性与工作效率的具体意见与实施办法。

自动生产线分拣单元安装与调试

【情境描述】

分拣单元是自动生产线的最后单元。物料在装配站组装，将组装后的物料送至分拣单元。通过光电开关检测料槽物料的有无，控制传送带的运转，通过检测物料的颜色，将物料推送至不同的料仓，分拣单元的组成如图 5-1 所示。

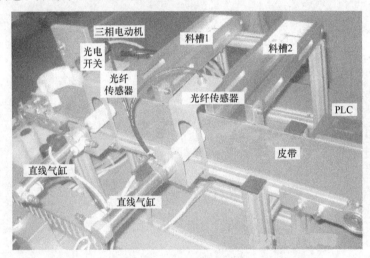

图 5-1　分拣单元结构

任务 1　分拣单元基本元件的认知

【任务描述】

要求学生掌握分拣单元中光纤式光电传感器的结构、原理及应用；能够对光纤式光电传感器进行安装与调试；掌握变频器的应用与参数设置。

【知识链接】

一、E3X-ZD 系列光纤式光电传感器

1. 光纤式光电传感器的构成

光纤式光电传感器是根据不同颜色材料反射光强度的不同而检测距离的差别来区分不同颜色的器件，光纤传感器的检测距离可通过光纤放大器的旋钮调节。

光纤传感器也是光电传感器的一种，相对于传统电量型传感器（热电偶、热电阻、压阻式、振弦式、磁电式），光纤传感器具有抗电磁干扰、可工作于恶劣环境，传输距离远，使用寿命长等优点，此外，由于光纤头具有较小的体积，所以可以安装在空间很小的地方。图5-2 所示为欧姆龙 E3X-ZD 系列光纤式光电传感器。

(a) 光纤传感器探头　　　　　　　(b) 单数显光纤放大器放大单元

图 5-2 E3X-ZD 系列光纤式光电传感器

光纤式光电接近开关放大器的灵敏度调节范围较大。当光纤传感器灵敏度调得较小时，反射性较差的黑色物体，光电探测器无法接收到反射信号，而反射性较好的白色物体，光电探测器就可以接收到反射信号；反之，调高光纤传感器灵敏度，对反射性较差的黑色物体，光电探测器也可以接收到反射信号。因此，光纤传感器可以通过调节灵敏度判别黑白两种颜色物体，将两种物料区分开，从而完成自动分拣工序。

E3X-ZD 系列光纤式光电传感器放大单元按键与显示功能如图 5-3 所示，图中已标出放大器单元的外观图及各部分功能说明。

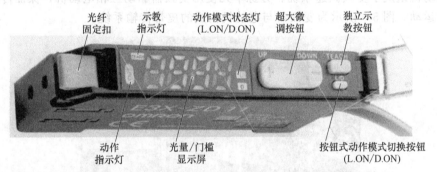

图 5-3 E3X-ZD 系列光纤式光电传感器放大单元按键与显示功能

2. 光纤式光电传感器的参数与调试

E3X-ZD 系列光纤式光电传感器型号、动作模式、时序图、状态转换开关及其输出电路见表 5-1，表中给出传感器的电路接线形式。

表 5-1 E3X-ZD 系列光纤式光电传感器应用

型号		动作模式	时序图	状态转换开关	输出电路
NPN 输出	E3X-ZD11 E3X-ZD6	入光时 ON	入光时 遮光时 动作指示灯(橙) 灯亮 灯灭 输出晶体管 ON OFF 负载(继电器等) 动作 复位 褐-黑间	L·ON (LIGHT ON)	
		遮光时 ON	入光时 遮光时 动作指示灯(橙) 灯亮 灯灭 输出晶体管 ON OFF 负载(继电器等) 动作 复位 褐-黑间	D·ON (DARK ON)	

E3X-ZD 系列光纤式光电传感器的设定非常简单，只需要 2 次按键，分别设定门槛值和有无检测物的亮度调节即可。调试设定方法如图 5-4 所示。

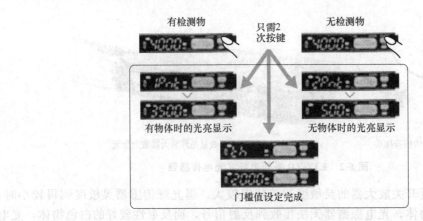

图 5-4 E3X-ZD 磁性开关放大器单元的调试设定方法

二、变频器

变频器就是利用半导体器件的通断作用，将固定频率的交流电（通常为工频 50 Hz）逆变成频率连续可调的交流电的电源装置。变频器的负载就是交流异步电动机，由变频器和交流异步电动机组成了变频调速系统。分拣单元使用变频器驱动三相电动机，保证传输带按照控制要求运动，图 5-5 所示为变频器与电动机构成的皮带传输系统。

图 5-5 变频器与电动机构成的皮带传输系统

1. 变频器的基本构成

交-直-交电压型变频器的基本结构框图如图 5-6 所示，由主电路（包括整流器、中间直流环节、逆变器）和控制电路组成。

整流器的作用是把三相（也可以是单相）交流电变换成直流电。中间直流环节起平波和中间储能的作用，向感性负载提供无功功率，因此又称中间直流储能环节或中间滤波环节。有规律地控制逆变器中的主开关器件的通与断，可得到任意频率的交流电输出。

2. 变频器的基本控制原理

变频器的控制方式可分为 U/f（电压和频率的比）控制、转差频率控制、矢量控制和直接转矩控制。其中 U/f 控制为变频器的基本控制方式。U/f 控制就是对变频器输出的电压和频率同时进行调节，通过使 U/f 的值保持一定而得到所需的转矩。

（1）基频以下定子电压补偿的恒压频比控制方式 基频通常等于电动机的额定频率，用

f_b 表示。恒压频比控制方式就是在改变电动机定子电源频率 f_1 的同时，按比例关系改变定子电压，并且当 $f_1 = f_b$ 时，U_1 等于基准电压 U_b（一般基准电压设为电动机额定相电压 U_{1N}），如图 5-7 所示，图中曲线 1 不带转矩提升功能，曲线 2 具有转矩提升功能，曲线 2 比曲线 1 在低频时带负载能力强。实际中可根据负载的情况，设置不同的 U/f 曲线。

（2）基频恒压控制方式　若按恒压频比的控制方式，当频率由额定值 f_{1N} 向上增大时，U_1 将超过额定值 U_{1N}，这是不允许的，因此基频以上采用 $U_1 = U_{1N}$ 不变，即基频以上采用恒压的控制方式。

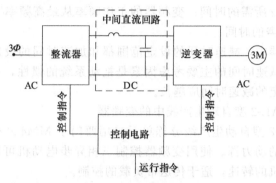

图 5-6　变频器构成框图

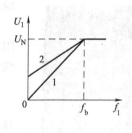

图 5-7　变频器 U/f 曲线

3. 变频器的运行指令和频率指令方式

变频器的运行指令方式是指如何控制变频器的基本运行功能。这些功能包括启动、停止、正转与反转、正向点动与反向点动、复位等。

变频器的运转指令分为操作面板控制、端子控制和通信控制三种方式。这些运转指令方式必须按照实际的需要进行选择设置，同时也可根据功能进行相互之间的切换。

频率指令方式就是调节变频器输出频率的具体方法，一般可分为操作面板给定、模拟量给定、端子步进给定、脉冲给定及通信给定等几种方法。

4. 变频器的常用频率参数和加减速时间

（1）基准频率　基频作为变频器的频率参数，与基准电压相对应。输出频率达到基准频率时的输出电压称为基准电压。一般以电动机的额定频率 f_N 作为基准频率，以电动机的额定电压 U_N 作为基准电压。基准频率和基准电压的关系如图 5-7 所示。图中，U_1 为变频器的输出电压。

（2）上限频率和下限频率　是指变频器输出的最高和最低频率，常用 f_H 和 f_L 表示。根据拖动系统所带的负载不同，有时要对电动机的最高转速和最低转速进行限制，以保证拖动系统的安全和产品的质量，另外由操作面板的误操作及外部指令信号的误动作引起的频率过高或过低，设置上限频率和下限频率可起到保护作用。常用的方法就是给变频器的上限频率和下限频率赋值。一般的变频器均可通过参数预置其上限频率 f_H 和下限频率 f_L，当变频器的给定频率高于上限频率 f_H 时，变频器的输出频率被限制在 f_H，当变频器的给定频率低于下限频率 f_L 时，变频器的输出频率被限制在 f_L，如图 5-8 所示。

（3）加速时间　又称升速时间。各种变频器对加速时间的定义不大一致，归纳起来，不外乎是两种：变频器的工作频率从 0Hz 加速到基本频率 f_b 所需的时间；变频器的工作频率从 0Hz 加速到最高频率 f_{max}

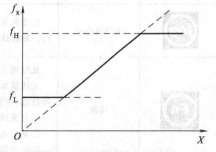

图 5-8　上限频率与下限频率

所需的时间。

加速时间设定的基本原则是，在电动机的启动电流不超过允许值的前提下，尽可能地缩短升速时间。若拖动系统的惯性较大，则加速时间应设得长一些。在一般调试时，可先把加速时间设定得长一些，观察启动过程中电流的大小，如启动电流不大，再逐渐减小加速时间。有的变频器设立了最佳加速功能，变频器可以在不超过允许电流的情况下，得到最短的加速时间。

（4）减速时间 又称降速时间，和加速时间相仿，对减速时间的定义也有两种情况：变频器的工作频率从基本频率 f_b 减小到 0Hz 所需的时间；变频器的工作频率从最高频率 f_{max} 减小到 0Hz 所需的时间。

图 5-9　MM420 变频器
操作面板与接线端子

所有变频器中，减速时间的设定范围都和加速时间的设定范围相同。设定减速时间的主要考虑因素是拖动系统的惯性，一般惯性越大，设定的减速时间应越长。

5. THJDAL-2 型自动生产线中的变频器

THJDAL-2 型自动生产线分拣单元采用西门子 MM420 变频器作为传送带的动力源。使用变频器控制三相异步电动机可以方便地控制电动机的转速，适于传送带负载的控制。

（1）MM420 额定参数　电源电压 380～480V，三相交流；额定输出功率 0.75kW；额定输入电流 2.8A；额定输出电流 2.1A；外形尺寸 A 型。

（2）变频器操作面板　MM420 变频器操作面板与接线端子如图 5-9 所示。各按键功能见表 5-2。

表 5-2　MM420 变频器操作面板各按键功能说明

显示/按钮	功　能	功能的说明
r0000	状态显示	LCD 显示变频器当前的设定值
Ⅰ	启动变频器	按此键启动变频器。缺省值运行时此键是被封锁的。为了使此键起作用应设定 P0700=1
O	停止变频器	OFF1：按此键，变频器将按选定的斜坡下降速率减速停车，缺省值运行时此键被封锁；为了允许此键操作，应设定 P0700=1。OFF2：按此键两次（或一次，但时间较长）电动机将在惯性作用下自由停车。此功能总是"使能"的
⟲	改变电动机的转动方向	按此键可以改变电动机的转动方向。电动机的反向用负号（一）表示或用闪烁的小数点表示。缺省值运行时此键是被封锁的，为了使此键的操作有效，应设定 P0700=1
jog	电动机点动	在变频器无输出的情况下按此键，将使电动机启动，并按预设定的点动频率运行。释放此键时，变频器停车。如果变频器/电动机正在运行，按此键将不起作用
Fn	功能	此键用于浏览辅助信息 变频器运行过程中，在显示任何一个参数时按下此键并保持不动 2s，将显示以下参数值（在变频器运行中，从任何一个参数开始）： ①直流回路电压（用 d 表示一，单位为 V） ②输出电流（A） ③输出频率（Hz）

显示/按钮	功　能	功能的说明
(Fn)	功能	④输出电压(用 o 表示一,单位为 V) ⑤由 P0005 选定的数值(如果 P0005 选择显示上述参数中的任何一个,这里将不再显示) 连续多次按下此键,将轮流显示以上参数 跳转功能 在显示任何一个参数(rXXXX 或 PXXXX)时短时间按下此键,将立即跳转到 r0000。如果需要的话,可以接着修改其他的参数。跳转到 r0000 后,按此键将返回原来的显示点
(P)	访问参数	按此键即可访问参数
(▲)	增加数值	按此键即可增加面板上显示的参数数值
(▼)	减少数值	按此键即可减少面板上显示的参数数值

（3）变频器的功能图及接线端子　如图 5-10 所示。变频器常用端子的功能说明如下。

端子 1 和端子 2：频率设定电源端子。当变频器的频率指令由模拟量设定时，需要一个 0～10V 的直流电源，这个直流电源即可由变频器外部提供，也可由变频器内部提供，当内部提供时，端子 1 输出直流电源（＋10V），端子 2 输出直流电源（0V）。

端子 3 和端子 4：模拟信号输入端子。端子 3 为模拟信号输入端 AIN＋，端子 4 为模拟信号输入端 AIN－。当加在端子 3 和端子 4 间的模拟电压由 0～10V 变化时，频率可由最低值调到最高值。

端子 5～端子 7：分别为多功能数字输入端 DIN1、DIN2、DIN3，默认功能分别为正转、反转、复位。

端子 8 和端子 9：多功能数字电源端子，端子 8 为多功能数字电源（＋24V），端子 9 为多功能数字电源（0V）。多功能数字电源也可以使用外部电源。

（4）常用参数含义

① 参数过滤器 P0004

参数 P0004（参数过滤器）的作用是根据所选定的一组功能，对参数进行过滤（或筛选），并集中对过滤出的一组参数进行访问，从而可以更方便地进行调试。P0004 部分设定值及含义如下所示，缺省的设定值为 0。

0：全部参数。

2：变频器参数。

3：电动机参数。

7：命令，二进制 I/O。

10：设定值通道/RFG（斜坡函数发生器）。

② 参数组的访问等级 P0003

参数 P0003 用于定义用户访问参数组的等级，设置范围为 1～4，具体含义如下。

1：标准级，可以访问最经常使用的参数。

2：扩展级，允许扩展访问参数的范围，例如变频器的 I/O 功能。

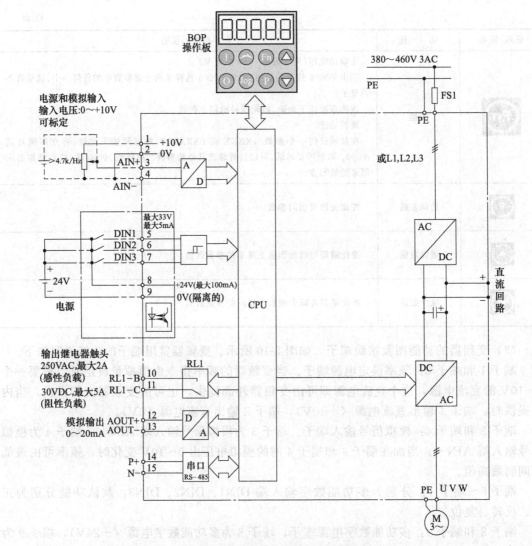

图 5-10　变频器功能图及接线端子

3：专家级，只供专家使用。

4：维修级，只供授权的维修人员使用——具有密码保护。

该参数缺省设置为等级 1（标准级），对于大多数应用对象，采用标准级和扩展级就可以满足要求了。用户可以修改设置值，但建议不要设置为等级 4（维修级），用 BOP 或 AOP 操作板看不到第 4 访问级的参数。

③ 调试参数过滤器 P0010

这一参数用于对与调试相关的参数进行过滤，只筛选出那些与特定功能组有关的参数。可在调试时和运行准备就绪时进行设置。P0010 部分设定值及含义如下。

0：准备，在变频器投入运行之前应将本参数复位为 0。

1：快速调试。这时，只有一些重要的参数（例如 P0304、P0305 等）是可以看得见的。这些参数的数值必须一个一个地输入变频器。

30：工厂的缺省设定值，在复位变频器的参数为工厂缺省设置值时，设定为 30。从设定 P0970＝1 起，便开始参数的复位。变频器将自动地把它的所有参数都复位为它们各自的缺省设置值。

④ P0700：选择命令信号源

这一参数用于指定命令源，部分设定值及含义如下，缺省值为 2。

0：工厂的缺省设置。

1：BOP（键盘）设置。

2：由端子排输入。

⑤ P0701～P0703

这三个参数用于对数字输入输入端功能设定，MM420 变频器出厂默认 3 个数字输入输入端，DIN1、DIN2、DIN3，几个常用的参数值及含义见表 5-3。

表 5-3　数字输入输入端常用功能设定

参　数　值	功　能　说　明
0	禁止数字输入
1	ON/OFF1(接通正转、停车命令 1)
2	ON/OFF1(接通反转、停车命令 2)
10	正向点动
11	反向点动
12	反转
13	MOP(电动电位计)升速(增加频率)
14	MOP 降速(减少频率)

⑥ P1000：频率设定值的选择

这一参数用于选择频率设定值的信号源。其设定值可达 0～66。缺省的设置值为 2。实际上，当设定值≥10 时，频率设定值将来源于 2 个信号源的叠加。其中，主设定值由最低一位数字（个位数）来选择（即 0～6），而附加设定值由最高一位数字（十位数）来选择（即 $x0～x6$，其中，$x=1～6$）。下面只说明常用主设定值信号源的意义。

0：无主设定值

1：MOP（电动电位差计上升下降键）设定值，取此值时，选择基本操作板（BOP）的按键指定输出频率。

2：模拟设定值，输出频率由 3-4 端子两端的模拟电压（0～10V）设定。

3：固定频率，输出频率由数字输入端子 DIN1～DIN3 的状态指定。用于多段速控制。

5：通过 COM 链路的 USS 设定。即通过按 USS 协议的串行通信线路设定输出频率。

⑦ P1001：固定频率 1

设定范围-650.00～650.00，缺省值 0.00，单位 Hz。

有以下三种选择固定频率的方法。

• 直接选择（P0701-P0703=15）：在这种操作方式下，一个数字输入选择一个固定频率，如果有几个固定频率输入同时被激活，选定的频率是它们的总和。例如，FF1+FF2+FF3。

• 直接选择+ON 命令（P0701-P0703=16）：选择固定频率时，既有选定的固定频率，又带有 ON 命令，把它们组合在一起。在这种操作方式下，一个数字输入选择一个固定频率，如果有几个固定频率输入同时被激活，选定的频率是它们的总和。例如，FF1+FF2+FF3。

• 二进制编码的十进制数（BCD 码）选择+ON 命令（P0701-P0703=17）：使用这种方法最多可以选择 7 个固定频率。各个固定频率的数值根据表 5-4 选择。

表 5-4 固定频率选择

频率设定	DIN3	DIN2	DIN1
P1001	0	0	1
P1002	0	1	0
P1003	0	1	1
P1004	1	0	0
P1005	1	0	1
P1006	1	1	0
P1007	1	1	1

P1002~P1007：选择固定频率 2~固定频率 7，用法同 P1001，但出厂默认值有所不同。

⑧ P1040：MOP 的设定值

确定电动电位计控制（P1000＝1）时的设定值。单位 Hz，范围 −650.00~650.00，缺省值 5.00。

⑨ P3900 结束快速调试

缺省值：0

可能的设定值如下。

0：不用快速调试。

1：结束快速调试，并按工厂设置使参数复位。

2：结束快速调试。

3：结束快速调试，只进行电动机数据的计算。

本参数只是在 P0010＝1（快速调试）时才能改变。

（5）参数设置方法及步骤 用 BOP 可以修改和设定系统参数。更改参数数值的步骤可大致归纳如下。

① 查找所选定的参数号。

② 进入参数值访问级，修改参数值。

③ 确认并存储修改好的参数值。

为了快速修改参数的数值，可以单独修改显示出的每个数字，操作步骤如下。

① 确信已处于某一参数数值的访问级（参看"用 BOP 修改参数"）。

② 按 （功能键），最右边的一个数字闪烁。

③ 按 / ，修改这位数字的数值。

④ 再按 （功能键），相邻的下一位数字闪烁。

⑤ 执行②~④步，直到显示出所要求的数值。

⑥ 按 ，退出参数数值的访问级。

提示：功能键也可以用于确认故障的发生。

【技能训练】

一、光纤传感器的安装与调试

1. 光纤传感器的安装

① 进行单个放大器单元的母/子接插件连接，将接插件插入直到听到"咔"的声音，如图 5-11 所示。

② 在母/子接插件的非连接面上贴上附属标贴，如图 5-12 所示。

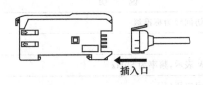

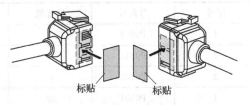

图 5-11　母/子接插件连接　　　　**图 5-12　非连接面上贴上附属标贴**

③ 将光纤放大器一侧钩爪嵌入导轨后，压入直到挂钩完全锁定，如图 5-13 所示。

④ 光纤单元安装，如图 5-14 所示。

- 打开保护罩。
- 打开锁定拨杆。
- 将光纤插入放大器单元插入口并确保插到底部。
- 将锁定拨杆拨回原来位置固定住光纤。

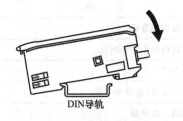

图 5-13　放大器安装到导轨上

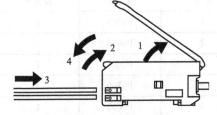

图 5-14　光纤单元安装

⑤ 光纤加固，如图 5-15 所示。

2. 光纤式传感器调试

按照具体调试方法进行调试。

二、变频器操作与调试

1. 变频器的面板运行操作

利用 MM420 变频器控制一台三相异步电动机，与变频器接线如图 5-16 所示。已知电动机的额定电压为 380V，额定电流为 0.18A，额定功率为 25W，额定频率为 50Hz，额定转速为 1360r/min。要求用操作面板控制实现：变频器启动、正反转及加减速运行、点动运行、电动机停车操作。

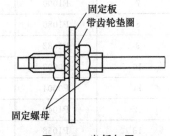

图 5-15　光纤加固

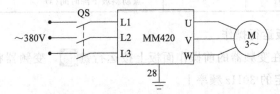

图 5-16　变频器与电动机电气接线

（1）变频器参数设置

① 设定 P0010＝30 和 P0970＝1，按下 P 键，开始复位，这样就可保证变频器的参数回复到工厂默认值。

② 设置电动机参数，为了使电动机与变频器相匹配，需要设置电动机参数。电动机参数设置见表 5-5。电动机参数设定完成后，设 P0010＝0，变频器当前处于准备状态，可正常运行。

表 5-5　电动机参数设置

序号	参数号	设置值	说　明
1	P0003	1	设定用户访问级为标准级
2	P0010	1	快速调试
3	P0100	0	功率以 kW 表示,频率为 50Hz
4	P0304	380	电动机额定电压(V)
5	P0305	0.18	电动机额定电流(A)
6	P0307	0.025	电动机额定功率(kW)
7	P0310	50	电动机额定频率(Hz)
8	P0311	1360	电动机额定转速(r/min)

③ 设置控制参数见表 5-6。

表 5-6　面板基本操作控制参数

序号	参数号	设置值	说　明
1	P0003	1	设用户访问级为标准级
2	P0010	0	正确地进行运行命令的初始化
3	P0004	7	命令和数字 I/O
4	P0700	1	由键盘输入设定值(选择命令源)
5	P0003	1	设用户访问级为标准级
6	P0004	10	设定值通道和斜坡函数发生器
7	P1000	1	由键盘(电动电位计)输入设定值
8	P1080	0	电动机运行的最低频率(Hz)
9	P1082	50	电动机运行的最高频率(Hz)
10	P0003	2	设用户访问级为扩展级
11	P0004	10	设定值通道和斜坡函数发生器
12	P1040	30	设定键盘控制的频率值(Hz)
13	P1058	10	正向点动频率(Hz)
14	P1059	10	反向点动频率(Hz)
15	P1060	5	点动斜坡上升时间(s)
16	P1061	5	点动斜坡下降时间(s)

(2) 变频器的面板运行操作

① 变频器启动:在变频器的前操作面板上按运行键 ⬤,变频器将驱动电动机升速,并运行在由 P1040 所设定的 30Hz 频率上。

② 正反转及加减速运行:电动机的转速(运行频率)可通过增加键 / 减少键(▲/▼)来改变。旋转方向可直接通过变频器的前操作面板上的 ⟲ 键来改变。

③ 点动运行:按下变频器前操作面板上的点动键 jog,则变频器驱动电动机升速,并运行在由 P1058 所设置的正向点动 10Hz 频率值上。当松开变频器前操作面板上的点动键,则变频器将驱动电动机降速至零。这时,如果按下变频器前操作面板上的换向键,再重复上述的点动运行操作,电动机可在变频器的驱动下反向点动运行。

④ 电动机停车：在变频器的前操作面板上按停止键 🔘，则变频器将驱动电动机降速至零。

2. 变频器的外部运行操作

用自锁按钮 SB1 和 SB2，外部线路控制 MM420 变频器的运行，实现电动机正转和反转控制。其中输入端5（DIN1）设为正转控制，输入端6（DIN2）设为反转控制。由操作面板设定频率，要求运行频率为 25Hz，电动机由停止加速到 25Hz 的时间以及由 25Hz 减速到停止所需时间均为 5s。

（1）变频器外部运行接线　变频器外部运行端子接线如图 5-17 所示。

（2）参数设置　接通断路器 QS，变频器在通电的情况下，完成相关参数设置，具体设置见表 5-7。

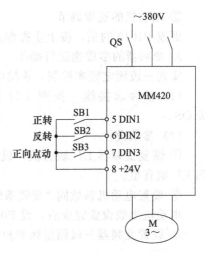

图 5-17　外部运行操作接线

表 5-7　变频器参数设置

序号	参数号	设置值	说　明
1	P0003	1	设用户访问级为标准级
2	P0004	7	命令和数字 I/O
3	P0700	2	命令源选择由端子排输入
4	P0003	2	设用户访问级为扩展级
5	P0004	7	命令和数字 I/O
6	P0701	1	ON 接通正转,OFF 停止
7	P0702	2	ON 接通反转,OFF 停止
8	P0003	1	设用户访问级为标准级
9	P0004	10	设定值通道和斜坡函数发生器
10	P1000	1	由键盘（电动电位计）输入设定值
11	P1080	0	电动机运行的最低频率（Hz）
12	P1082	50	电动机运行的最高频率（Hz）
13	P1120	10	斜坡上升时间（s）
14	P1121	10	斜坡下降时间（s）
15	P0003	2	设用户访问级为扩展级
16	P0004	10	设定值通道和斜坡函数发生器
17	P1040	25	设定键盘控制的频率值

（3）变频器运行操作

① 正向运行：当按下带锁按钮 SB1 时，变频器数字输入端"5"为 ON，电动机正向启动，经 5s 加速后稳定运行在 25Hz 的频率上，放开按钮 SB1，变频器数字输入端"5"为 OFF，电动机经 5s 减速至停止运行。

② 反向运行：当按下带锁按钮 SB2 时，变频器数字输入端"6"为 ON，电动机反向启动，经 5s 加速后稳定运行在 25Hz 的频率上，放开按钮 SB2，变频器数字输入端"6"为 OFF，电动机经 5s 减速至停止运行。

③ 电动机的速度调节

更改 P1040 的值，按上步操作过程，就可以改变电动机正常运行速度。

3. 变频器的多段速运行操作

实现三段固定频率控制，连接线路，设置功能参数，操作三段固定速度运行。

(1) 按要求接线　按图 5-17 连接电路，检查线路正确后，合上变频器电源空气开关 QS。

(2) 参数设置

① 恢复变频器工厂缺省值，设定 P0010＝30，P0970＝1。按下 P 键，变频器开始复位到工厂缺省值。

② 设置电动机参数同"变频器的面板运行操作"部分。

电动机参数设置完成后，设 P0010＝0，变频器当前处于准备状态，可正常运行。

③ 设置变频器三段固定频率控制参数，见表 5-8。

表 5-8　变频器三段固定频率控制参数设置

参数号	设置值	说　明
P0003	1	设用户访问级为标准级
P0004	7	命令和数字 I/O
P0700	2	命令源选择由端子排输入
P0003	2	设用户访问级为扩展级
P0004	7	命令和数字 I/O
P0701	17	选择固定频率
P0702	17	选择固定频率
P0703	1	ON 接通正转,OFF 停止
P0003	1	设用户访问级为标准级
P0004	10	设定值通道和斜坡函数发生器
P1000	3	选择固定频率设定值
P0003	2	设用户访问级为扩展级
P0004	10	设定值通道和斜坡函数发生器
P1001	20	选择固定频率 1(Hz)
P1002	30	选择固定频率 2(Hz)
P1003	50	选择固定频率 3(Hz)

(3) 变频器多段速运行操作　当按下 SB1 时，数字输入端 7 为 ON，允许电动机运行。

① 第 1 频段控制　当 SB1 按钮开关接通、SB2 按钮开关断开时，变频器数字输入端"5"为 ON，输入端"6"为 OFF，变频器工作在由 P1001 参数所设定的频率为 20Hz 的第 1 频段上。

② 第 2 频段控制　当 SB1 按钮开关断开，SB2 按钮开关接通时，变频器数字输入端"5"为 OFF，输入端"6"为 ON，变频器工作在由 P1002 参数所设定的频率为 30Hz 的第 2 频段上。

③ 第 3 频段控制　当按钮 SB1、SB2 都接通时，变频器数字输入端"5"、输入端"6"均为 ON，变频器工作在由 P1003 参数所设定的频率为 50Hz 的第 3 频段上。

④ 电动机停车　当 SB1、SB2 按钮开关都断开时，变频器数字输入端"5"、输入端"6"均为 OFF，电动机停止运行。或在电动机正常运行的任何频段，将 SB3 断开使数字输

入端 "7" 为 OFF，电动机也能停止运行。

　　注意三个频段的频率值可根据用户要求 P1001、P1002 和 P1003 参数来修改。当电动机需要反向运行时，只要将对应频段的频率值设定为负就可以实现。

【考核评价】

一、光纤传感器的调试考核

① E3X-ZD 系列光纤式光电传感器的接线，填写表 5-9。

表 5-9　E3X-ZD 系列光纤式光电传感器的接线

序号	导线颜色	连接对象端子	作用
1			
2			
3			

② E3X-ZD 系列光纤式光电传感器的调试记录，填写表 5-10。

表 5-10　E3X-ZD 系列光纤式光电传感器的调试记录

传　感　器	白　色　物　料		黑　色　物　料	
光纤式光电传感器 1	动作显示值		动作显示值	
	无动作显示值		无动作显示值	
光纤式光电传感器 2	动作显示值		动作显示值	
	无动作显示值		无动作显示值	

二、变频器考核

① 控制面板操作考核，填写表 5-11。

表 5-11　控制面板按键功能

序号	按 键 名 称	功能
1		
2		
3		
4		
5		
6		
7		
8		

② 变频器在分拣单元中正常工作必须设定的参数典型数值及其功能，填写表 5-12。

表 5-12　分拣单元变频器典型参数

序号	参数名称	典型数值	功能描述
1			
2			
3			
4			
5			
6			
7			

任务 2　分拣单元的安装与调试

【任务描述】

要求学生掌握分拣单元的结构与工作过程；能够对分拣单元的传动部分进行安装调试；能够对分拣单元的气路进行安装与调试；能够对分拣单元的电路部分进行安装与调试；能够使用 PLC 编程并对运行过程进行调试；能够解决分拣单元在安装与调试中出现的问题。

【知识链接】

一、分拣单元的结构与工作过程

1. 分拣单元的结构

分拣单元主要由传送和分拣机构、传动机构、变频器模块、电磁阀组、接线端口、PLC模块、底板等组成。

分拣机构如图 5-18 所示，主要功能是用来传送已经加工、装配好的物料。由传送带、物料槽、推料（分拣）气缸、漫射式光电传感器、光纤传感器、磁感应开关组成。

传动机构如图 5-19 所示，采用的三相减速电动机，用于拖动传送带从而输送物料。它主要由电动机支架、电动机、联轴器等组成。

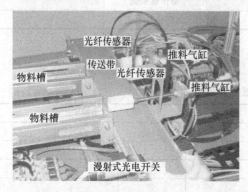

图 5-18　分拣机构

图 5-19　传动机构

2. 分拣单元的工作过程

分拣单元主要完成对搬运传送至本站的装配完毕的物料，依据物料颜色进行分拣。系统入料口装配一只光电传感器，搬运单元送来物料放到传送带上。当光电传感器检测到有物料，传感器发出有物料信号给 PLC，通过 PLC 控制变频器启动，并由电动机带动传送带运动，物料随输送带运动，开始送入分拣区。如果进入分拣区物料为白色，由检测白色物料光纤传感器作为 1 号槽推料气缸启动信号，将白色物料推到 1 号槽里；如果进入分拣区物料为黑色，由检测黑色物料光纤传感器作为 2 号槽推料气缸启动信号，将黑色物料推到 2 号槽里，自动生产线的分拣结束。

二、分拣单元气路控制

分拣单元气动控制回路，主要控制与两个物料槽对应的推料气缸，气路连接原理如图5-20 所示，图中 1A 和 2A 分别为分拣气缸 1 和分拣气缸 2。1B1 为安装在分拣气缸 1 的前极限工作位置的磁感应接近开关，2B1 为安装在分拣气缸 2 的前极限工作位置的磁感应接近开关。1Y1 和 2Y1 分别为控制分拣气缸 1 和分拣气缸 2 的电磁阀的电磁控制端。电磁阀初始

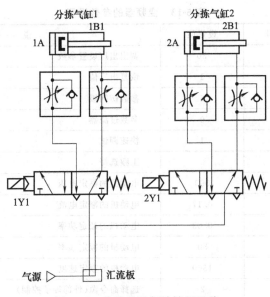

图 5-20 分拣单元气动控制回路

状态不得电，气缸处于收缩状态。

三、分拣单元电路控制

1. 变频器接线

变频器接线如图 5-21 所示，三相电源经空气开关接变频器的 L1、L2、L3，变频器的输出 U、V、W 接异步电动机的 U、V、W。另外，变频器的"地"与电动机的"地"均应与保护线相连。注意变频器的输入端子 L1、L2、L3 与变频器的输出端子 U、V、W 绝对不能接反。

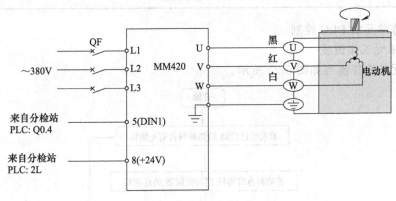

图 5-21 变频器接线

2. 变频器参数设置

由于变频器的启停由 PLC 控制，因此采用命令源为外部端子控制。由于在运行过程中不调速，因此采用电动电位计设定单一速度控制。再根据电动机参数和减速器减速比，结合传送带负载的实际情况，变频器的参数设置见表 5-13。

3. 变频器的运行

当变频器接收到 PLC 的启动和停止信号时，变频器将按设定的加速时间启动，按设定的频率运行，并按设定的减速时间停止。

表 5-13 变频器的参数设置

序号	参数代号	设置值	说　　明
1	P0010	30	调出出厂设置参数
2	P0970	1	恢复出厂值
3	P0003	3	参数访问级
4	P0004	0	参数过滤器
5	P0010	1	快速调试
6	P0100	0	工频选择
7	P0304	380	电动机的额定电压
8	P0305	0.17	电动机的额定电流
9	P0307	0.03	电动机的额定功率
10	P0310	50	电动机的额定频率
11	P0311	1360	电动机的额定速度
12	P0700	2	选择命令源(外部端子控制)
13	P1000	1	选择频率设定值
14	P1080	0	电动机最小频率
15	P1082	50.00	电动机最大频率
16	P1120	2.00	斜坡上升时间
17	P1121	0.00	斜坡下降时间
18	P3900	1	结束快速调试
19	P0003	3	检查 P0003 是否为 3
20	P1040	30	频率设定

四、分拣单元的 PLC 控制

1. 分拣单元工作流程

分拣单元的工作流程如图 5-22 所示。

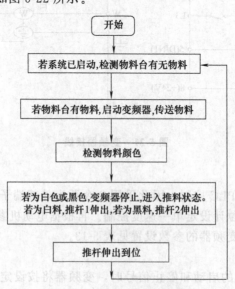

图 5-22　分拣单元工作流程

2. 分拣单元 PLC 的 I/O 地址分配

分拣单元中的输入设备有 1 个用来检测物料有无的漫射式光电开关、2 个检测气缸极限位置的磁性开关、2 个检测物料颜色的光纤传感器；输出设备有 2 个推料电磁阀和 1 台变频器。即分拣单元共有 5 个数字量输入点、3 个数字量输出点，PLC 模块选用西门子 S7-200CPU222AC/DC/继电器输出（8 点数字量输入/6 点数字量输出）PLC。分拣单元的 I/O 地址分配表见表 5-14。

表 5-14　分拣单元 PLC 的 I/O 地址分配表

输 入 信 号			输 出 信 号		
序号	输入地址	功能	序号	输出地址	功能
1	I0.0	推杆 1（推白料）伸出到位	1	Q0.0	推料 1 电磁阀
2	I0.1	推杆 2（推黑料）伸出到位	2	Q0.1	推料 2 电磁阀
3	I0.2	光纤传感器 SC2（检测白料）	3	Q0.4	变频器
4	I0.3	光纤传感器 SC1（检测黑料）			
5	I0.4	物料有无检测			

3. 分拣单元 PLC 控制原理图

根据地址分配表可以得出 PLC 控制原理图，如图 5-23 所示。启动、停止、急停采用网络控制，使用整个系统的启动、停止和急停控制。如果要进行独立控制，可在输入侧增加启动、停止，并通过修改分站控制程序和主站控制程序进行相应处理。

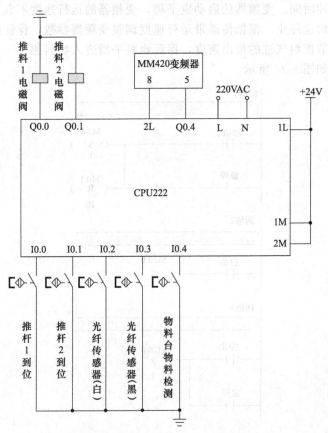

图 5-23　分拣单元 PLC 控制原理图

【技能训练】

一、传动与分拣机构安装

① 完成传送机构的组装，装配传送带装置及其支座，然后将其安装到底板上。

② 完成驱动电动机组件装配，装配联轴器，把驱动电动机组件与传送机构相连接并固定在底板上。安装时电动机轴应与皮带轮轴在同一水平线上，轴心重合，联轴器应连接紧密，运转平稳，无振动。

③ 分拣单元的两个电磁阀安装时需注意，一是安装位置，应使得物料从滑槽中间推出，二是安装要水平，或稍微略向下，否则推出时导致物料翻转。

二、气动控制回路安装

分拣单元的电磁阀组只使用了两个由二位五通的带手控开关的单控电磁阀，它们安装在汇流板上。这两个阀分别对白料推动气缸和黑料推动气缸的气路进行控制，以改变各自的动作状态。

三、电路连接与测试

正确连接变频器与电动机之间的接线，测试变频器的电动机的控制功能，保证电动机旋转方向符合物料的传送方向，设定控制速度。接通 PLC 之间的数据通信线，保证 PLC 与电源模块之间的 24V 电源的有效连接，测量相关电压数值。

四、分拣单元编程与调试

调试过程需要软件与硬件联合调试。考虑到物料的平稳，机械手将物料放到料槽，到传送带运转，应有缓冲时间。变频器的启动应平稳，变频器的运行速度不宜太快，物料被推入料槽后，变频器应快速停止。根据传送带运行速度调整变频器参数，保证推料准确，物料准确进入物料槽；调节推料气缸的推出速度，保证物料平滑进入物料槽。

分拣单元程序如图 5-24 所示。

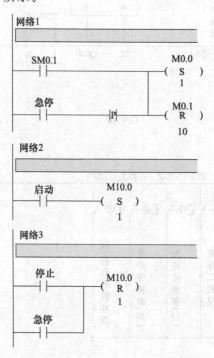

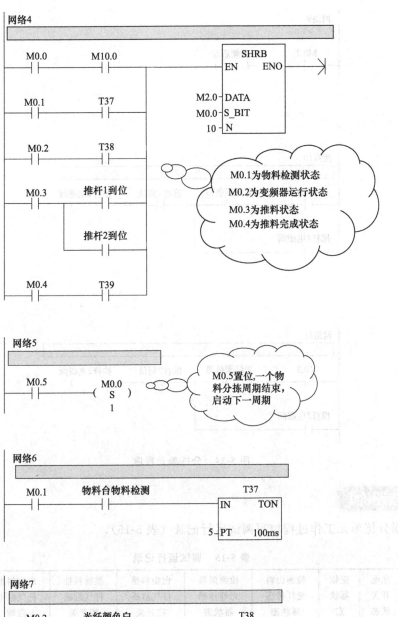

图 5-24

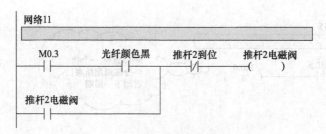

图 5-24　分拣单元程序

【考核评价】

① 根据分拣单元工作过程填写调试运行记录（表 5-15）。

表 5-15　调试运行记录

操作过程	光电开关状态	变频器状态	检测白料光纤传感器状态	检测黑料光纤传感器状态	白物料推杆气缸磁控开关	黑物料推杆气缸磁控开关	白物料推杆气缸电磁阀	黑物料推杆气缸电磁阀
料槽有料								
料槽无料								
黑物料到光纤传感器位置								
白物料到光纤传感器位置								

② 根据调试过程中推料气缸推料不准确（物料不能准确进入物料槽）问题，提出具体解决方案，并编程调试实施。

③ 根据调试过程中遇到的问题及其解决方案，填写表 5-16。

表 5-16　调试过程中遇到的问题及解决方案

序号	故障现象	解决对策	效果
1			
2			
3			
4			
5			
6			

自动生产线搬运单元安装与调试

【情境描述】

搬运单元是自动生产线的主控单元，担任着最为繁重的工作任务。该单元的工作任务是：驱动机械手装置精确定位到指定单元的物料台，在物料台上抓取物料，把抓取到的物料输送到指定地点，然后放下。搬运单元通过网络读取其他各单元的信息，加以综合后，向其他各单元发送控制要求，协调整个系统的工作。搬运单元的基本组成如图 6-1 所示。

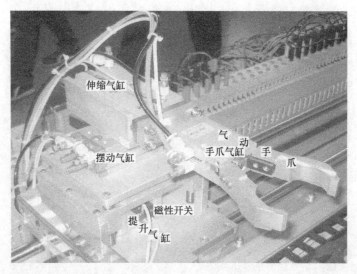

(a)

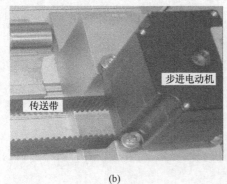

(b)

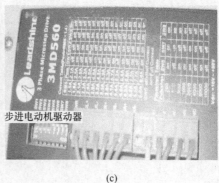

(c)

图 6-1 搬运单元机械手、步进电动机及驱动器

任务 1　搬运单元基本元件的认知

【任务描述】

要求学生掌握搬运单元中步进电动机的结构、功能及应用；能够对步进电动机驱动器进行安装与调试；完成 S7-200PLC 的脉冲输出功能及位控编程，实现 PLC 对步进电动机系统的控制。

【知识链接】

一、步进电动机

步进电动机是一种专门用于速度和位置精确控制的特种电动机，其旋转是以固定的角度一步一步运行的，故称步进电动机。步进电动机是一种将电脉冲转化为角位移的执行机构。也就是说，当步进驱动器接收到一个脉冲信号，它就驱动步进电动机按设定的方向转动一个固定的角度。步进电动机在 THJDAL-2 型自动生产线中用于驱动机械手沿导轨做直线运动。步进电动机内部结构如图 6-2 所示。

现在比较常用的步进电动机包括反应式步进电动机（VR）、永磁式步进电动机（PM）、混合式步进电动机（HB）和单相式步进电动机等。搬运单元使用的是雷赛 573S09 型三相混合式步进电动机、三相、步距角为 $1.2°$、额定驱动电流为 5.6A、保持转矩 $0.9N \cdot m$，其接线如图 6-3 所示。

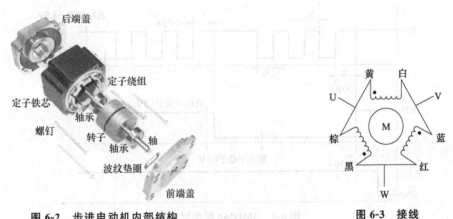

图 6-2　步进电动机内部结构　　　　　　图 6-3　接线

二、步进电动机驱动器

步进电动机驱动器是一种能使步进电动机运转的功率放大器，能把控制器发来的脉冲信号转化为步进电动机的角位移，电动机的转速与脉冲频率成正比，所以控制脉冲频率可以精确调速，控制脉冲数就可以精确定位。3MD560 驱动器如图 6-1 所示。3MD560 驱动器可驱动 3 线、6 线三相电动机，典型接线如图 6-4 所示。

1. 接线端子功能

（1）端子 PUL＋与 PUL－　输入脉冲端子。PUL＋信号为公共端，接电源正极（＋5V）。PUL-为脉冲信号输入端，称为 PUL 端，高电平对应 4～5V，低电平对应 0～0.5V。为了可靠响应脉冲信号，脉冲宽度应大于 $1.2\mu s$。如采用＋12V 或＋24V 时需串电阻。

（2）端子 DIR＋与 DIR－　方向控制端。DIR＋为方向信号公共端，接电源正极（＋

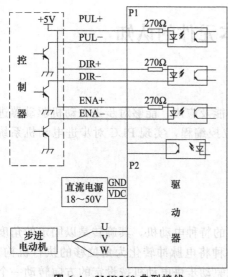

图 6-4 3MD560 典型接线

5V）。DIR-为方向信号输入端，称为 DIR 端。方向信号的高电平对应 4～5V，低电平对应 0～0.5V。为保证电动机可靠换向，方向信号应先于脉冲信号至少 5μs 建立。

电动机的初始运行方向与电动机的接线有关，互换三相绕组 U、V、W 的任何两根线可以改变电动机初始运行的方向。

（3）端子 ENA＋与 ENA－ 使能信号，此输入信号用于使能或禁止。ENA＋为公共端，接＋5V，ENA－端又称 ENA 端，接低电平（或内部光耦导通）时，驱动器将切断电动机各相的电流使电动机处于自由状态，此时步进脉冲不被响应。当不需用此功能时，使能信号端悬空即可。

（4）端子 VDC 与 GND 端子 VDC 为直流电源正极，＋18～＋50V 间任何值均可，但推荐值为 36V 左右。端子 GND 为直流电源地。

（5）端子 U、V、W 端子 U、端子 V 与端子 W 分别与三相电动机的 U 相、V 相和 W 相相接。

2. 3MD560 控制时序图

为了避免一些误动作和偏差，PUL、DIR 和 ENA 应满足一定要求，如图 6-5 所示。

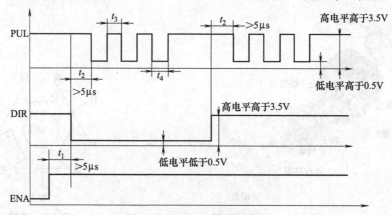

图 6-5 3MD560 控制时序图

3. 输出电流设定与步数细分设定

3MD560 的 DIP 共设 7 个开关，分别为 SW1～SW7。其中 SW1～SW4 用于输出电流设定，SW6～SW8 为步数细分设定。输出电流与步数细分设定见表 6-1。SW5 为静态半流设定，SW5 打到 OFF 位置时，为静态半流，打到 ON 位置时，为静态全流。

三、S7-200PLC 的脉冲输出功能及位控功能

S7-200 有两个内置 PTO/PWM 发生器，用以建立高速脉冲串（PTO）或脉宽调节（PWM）信号波形。一个发生器指定给数字输出点 Q0.0，另一个发生器指定给数字输出点 Q0.1。当组态一个输出为 PTO 操作时，生成一个 50％占空比脉冲串用于步进电动机或伺服电动机的速度和位置的开环控制。内置 PTO 功能提供了脉冲串输出，脉冲周期和数量可由用户控制。但应用程序必须通过 PLC 内置 I/O 提供方向和限位控制。

表 6-1　步进电动机驱动器输出电流与步数细分设定

| 输出电流设定 | | | | | 步数细分设定 | | | |
电流值/A	SW1	SW2	SW3	SW4	步数/圈	SW6	SW7	SW8
1.5	OFF	OFF	OFF	OFF	200	ON	ON	ON
1.8	ON	OFF	OFF	OFF				
2.1	OFF	ON	OFF	OFF	400	OFF	ON	ON
2.3	ON	ON	OFF	OFF				
2.6	OFF	OFF	ON	OFF	500	ON	OFF	ON
2.9	ON	OFF	ON	OFF				
3.2	OFF	ON	ON	OFF	1000	OFF	OFF	ON
3.5	ON	ON	ON	OFF				
3.8	OFF	OFF	OFF	ON	2000	ON	ON	OFF
4.1	ON	OFF	OFF	ON				
4.4	OFF	ON	OFF	ON	4000	OFF	ON	OFF
4.6	ON	ON	OFF	ON				
4.9	OFF	OFF	ON	ON	5000	ON	OFF	OFF
5.2	ON	OFF	ON	ON				
5.5	OFF	ON	ON	ON	10000	OFF	OFF	OFF
6.0	ON	ON	ON	ON				

　　为了简化用户应用程序中位控功能的使用，STEP7-Micro/WIN 提供的位控向导可以帮助用户在很短的时间内全部完成 PWM、PTO 或位控模块的组态。向导可以生成位置指令，用户可以用这些指令在其应用程序中为速度和位置提供动态控制。借助位控向导组态 PTO 输出时，需要用户提供一些基本信息。

　　1. 最大速度（MAX_SPEED）和启动/停止速度（SS_SPEED）

　　图 6-6 为最大和启动/停止速度示意。

　　① 最大速度　就是允许的操作速度的最大值，它应在电动机力矩能力的范围内。驱动负载所需的力矩由摩擦力、惯性以及加速/减速时间决定。

　　② 启动/停止速度　对应启动和停止时的速度。数值应满足电动机在低速时驱动负载的能力，如果启动/停止速度的数值过低，电动机和负载在运动的开始和结束时可能会摇摆或颤动。如果启动/停止速度的数值过高，电动机会在启动时丢失脉冲，并且负载在试图停止时会使电动机超速。通常，启动/停止速度值是最大速度值的 5%～15%。

　　2. 加速和减速时间

　　图 6-7 所示为加速和减速时间的示意。

　　① 加速时间　就是电动机从启动速度加速到最大速度所需的时间。

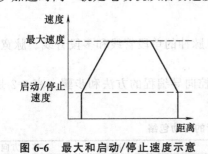

图 6-6　最大和启动/停止速度示意　　　　图 6-7　加速和减速时间示意

　　② 减速时间　就是电动机从最大速度减速到停止速度所需要的时间。

　　③ 加速时间和减速时间的默认设置都是 1000ms。通常，电动机可在小于 1000ms 的时间内工作。

电动机的加速和失速时间通常要经过测试来确定。开始时，应输入一个较大的值。逐渐减少这个时间值直至电动机开始失速，从而优化应用中的这些设置。

3. 移动包络

一个包络是一个预先定义的移动描述，它包括一个或多个速度，影响着从起点到终点的移动。一个包络由多段组成，每段包含一个达到目标速度的加速/减速过程和以目标速度匀速运行的一串固定数量的脉冲。

位控向导提供移动包络定义界面，应用程序所需的每一个移动包络均可在这里定义。PTO 支持最大 100 个包络。

定义一个包络，包括如下几点：选择操作模式；为包络的各步定义指标；为包络定义一个符号名。

选择包络的操作模式：PTO 支持相对位置和单一速度的连续转动两种模式，如图 6-8 所示，相对位置模式指的是运动的终点位置是从起点开始计算的脉冲数量，单速连续转动则不需要提供终点位置，PTO 一直持续输出脉冲，直至有其他命令发出，例如到达原点要求停发脉冲。

包络中的步：一个步是物料运动的一个固定距离，包括加速和减速时间内的距离。PTO 每一包络最大允许 29 个步。每一步包括目标速度和结束位置或脉冲数目等几个指标。图 6-9 所示为一步、两步、三步和四步包络。注意一步包络只有一个常速段，两步包络有两个常速段，依此类推。步的数目与包络中常速段的数目一致。

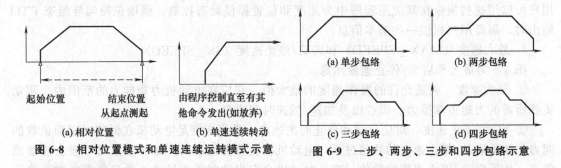

图 6-8　相对位置模式和单速连续运转模式示意　　图 6-9　一步、两步、三步和四步包络示意

【技能训练】

一、步进电动机与驱动器接线、设置

按图 6-3、图 6-4 接线，按照表 6-1 设定输出电流、设定细分步数，核对电动机旋转一周脉冲数目，并做好记录。

二、使用位控向导编程

STEP7 V4.0 软件的位控向导能自动处理 PTO 脉冲的单段管线和多段管线、脉宽调制、SM 位置配置和创建包络表。

下面给出一个简单工作任务例子，阐述使用位控向导编程的方法和步骤。表 6-2 是这个例子中实现步进电动机运行所需的运动包络。

表 6-2　步进电动机运行的运动包络

运动包络	工 作 单 元		脉冲量	移动方向
1	供料单元→加工单元	384mm	54300	
2	加工单元→装配单元	242mm	34200	
3	装配单元→分拣单元	312mm	44000	
4	分拣单元→高速返回行程结束	850mm	120000	DIR
5	低速回零		单速返回	DIR

使用位控向导编程的步骤如下。

① 由 S7-200 PLC 选择选项组态内置 PTO 操作。

② 在 STEP 7V4.0 软件命令菜单中选择工具→位置控制向导，即开始引导位置控制配置。在向导弹出的第一个界面，选择配置 S7-200 PLC 内置 PTO/PWM 操作。在第二个界面中选择"Q0.0"作脉冲输出。接下来的第三个界面如图 6-10 所示，选择"线性脉冲串输出（PTO）"，并点选使用高速计数器 HSC0（模式 12）对 PTO 生成的脉冲自动计数的功能。单击"下一步"就开始了组态内置 PTO 操作。

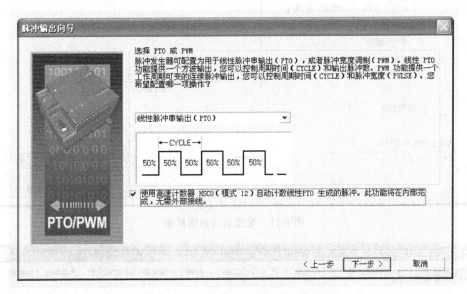

图 6-10　组态内置 PTO 操作选择界面

③ 接下来的两个界面，要求设定电动机速度参数，包括前面所述的最高电动机速度和电动机启动/停止速度、加速时间和减速时间等。

在对应的编辑框中输入这些数值。例如，输入最高电动机速度"90000"，把电动机启动/停止速度设定为"5000"，加速时间、减速时间分别为 1500（ms）和 200（ms）。完成给位控向导提供基本信息的工作。单击"下一步"，开始配置运动包络界面。

④ 图 6-11 是配置运动包络的界面。该界面要求设定操作模式、1 个步的目标速度、结束位置等步的指标，以及定义这一包络的符号名（从第 0 个包络第 0 步开始）。

在操作模式选项中选择相对位置控制，填写包络"1"中数据目标速度"60000"，结束位置"54300"，点击"绘制包络"。注意，这个包络只有 1 步。

包络的符号名可以按默认定义（Profile0-0），也可以将（Profile0-0）改为（Profile0-1），与第一个运动包络的序号相对应。这样，第 1 个包络的设置，即从供料站→加工站的运动包络设置就完成了。如图 6-12 所示。

现在可以设置下一个包络，点击"新包络"，按上述方法将表 6-2 中下面 3 个位置数据输入包络中去。

表 6-2 中最后一行低速回零，是单速连续运行模式，选择这种模式后，所出现的界面中写入目标速度"20000"即可，如图 6-13 所示。界面中还有一个包络停止操作选项，适当停止信号输入时再向运动方向按设定的脉冲数走完，本系统不使用。

⑤ 运动包络编写完成后单击"确认"按钮，向导会要求为运动包络指定 V 存储区地址（建议地址，默认这一建议地址。也可以自行键入合适的地址。单击"下一步"出现如图 6-

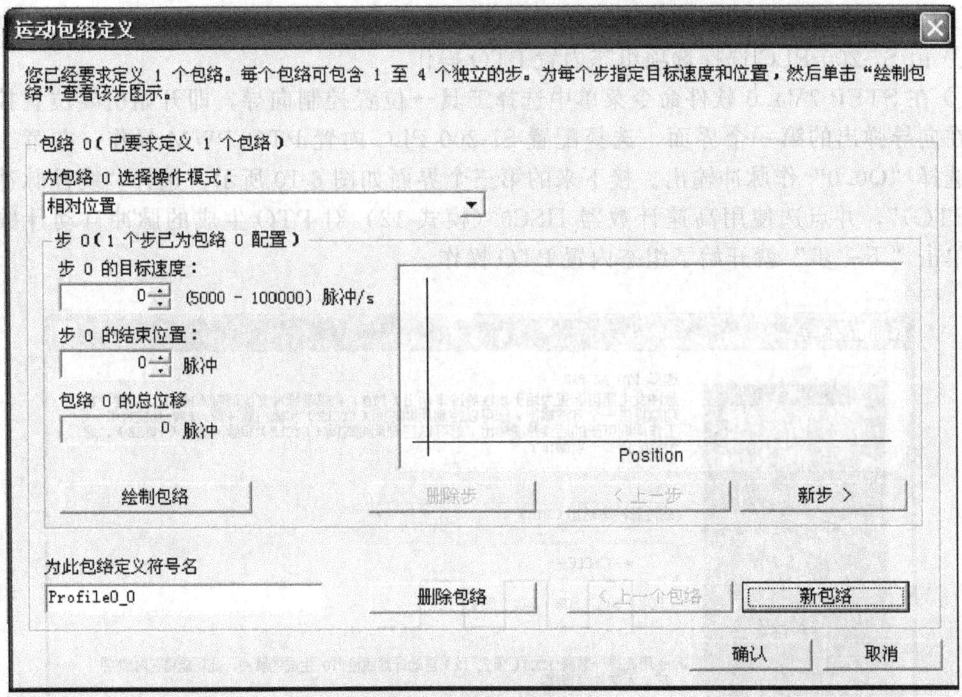

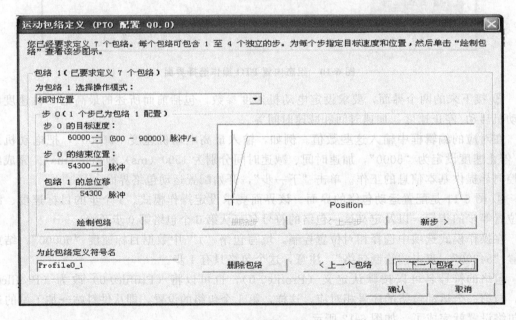

图 6-11   配置运动包络界面

图 6-12   设置第一个包络

14 所示界面。

三、在程序中调用位控向导生成的项目组件

运动包络组态完成后，向导会为所选的配置生成三个项目组件（子程序），分别是：PTOx _ RUN 子程序（运行包络）、PTOx _ CTRL 子程序（控制包络）和 PTOx _ MAN 子程序（手动模式），一个由向导生成的子程序就可以在程序中调用了。如图 6-15 所示。

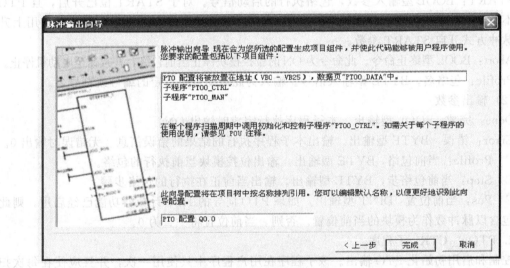

图 6-13　设置第五个包络

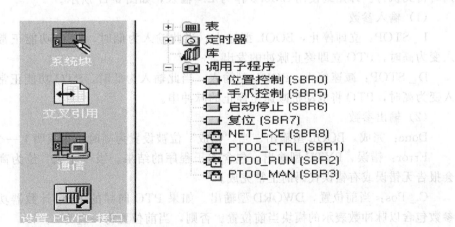

图 6-14　生成项目组件提示

图 6-15　由向导生成的子程序

1. PTOx_RUN 子程序

该子程序命令 PLC 执行存储于配置/包络表的指定包络的运动操作。运行这一程序的梯形图，如图 6-16 所示。

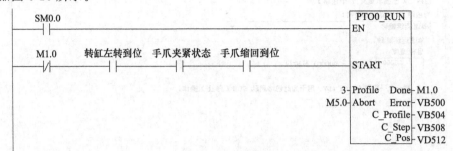

图 6-16   运行包络 PTOx_RUN 子程序

（1）输入参数

EN：子程序的使能位。在"完成"（Done）位发出子程序执行已经完成的信号前，应使 EN 位保持开启。

START：BOOL 型输入参数，包络执行的启动信号。对于 START 位已开启，且 PTO 当前不活动时的每次扫描，此子程序会激活 PTO。为了确保仅发送一个命令，一般用上升沿以脉冲方式开启 START 参数。

Abort：BOOL 型终止命令。此命令为 ON 时位控模块停止当前包络，并减速至电动机停止。

Profile：包络名，BYTE 型输入信号。输入为此运动包络指定的编号或符号名。

（2）输出参数

Done：完成，BOOL 型输出。本子程序执行完成时输出 ON。

Error：错误，BYTE 型输出。输出本子程序执行的结果的错误信息。无错误时输出 0。

C_Profile：当前包络，BYTE 型输出。输出位控模块当前执行的包络。

C_Step：当前包络步，BYTE 型输出。输出当前正在执行的包络步骤。

C_Pos：当前位置，DINT 型输出。如果 PTO 向导的 HSC 计数器功能已经启用，则此参数包含以脉冲数作为模块的当前位置。否则，当前位置将一直为 0。

2. PTOx_CTRL 子程序

控制和启用初始化 PTO 输出。该子程序在用户程序中只使用一次，并且应使在每次扫描时得到执行。即始终使用 SM0.0 作为 EN 输入，如图 6-17 所示。

（1）输入参数

I_STOP：立即停止，BOOL 型输入。当此输入为低时，PTO 功能正常工作。当此输入变为高时，PTO 立即终止脉冲的发出。

D_STOP：减速停止，BOOL 型输入。当此输入为低时，PTO 功能正常工作。当此输入变为高时，PTO 将电动机减速至停止的脉冲串。

（2）输出参数

Done：完成，BOOL 型输出。当"完成"位被设置为高时，它表明上一个指令已执行。

Error：错误，BYTE 型输出。包含本子程序的结果。当"完成"位为高时，错误字节会报告无错误或有错误代码的正常完成。

C_Pos：当前位置，DWORD 型输出。如果 PTO 向导的 HSC 计数器功能已启用，此参数包含以脉冲数表示的模块当前位置。否则，当前位置将一直为 0。

3. PTOx_MAN 子程序

该子程序对应手动控制模式。将 PTO 输出置于手动控制模式时，执行这一程序允许电动机停止、启动和按不同的速度运行。但当 PTOx_MAN 子程序已启用时，除 PTOx_CTRL 以外任何其他 PTO 子程序都无法运行。

运行这一子程序的梯形图如图 6-18 所示。

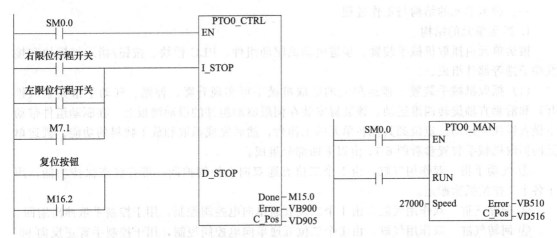

图 6-17　控制包络 PTOx_CTRL 子程序　　　图 6-18　手动模式 PTOx_MAN 子程序

RUN：运行停止参数。命令 PTO 加速至指定速度（Speed 参数），从而允许在电动机运行中更改 Speed 参数的数值。停用 RUN 参数，命令 PTO 减速至电动机停止。

Error：错误参数。输出本子程序的执行结果，有错误时输出 0。

【考核评价】

一、步进电动机的接线考核

步进电动机的安装接线，填写表 6-3。

表 6-3　步进电动机绕组引出线的连接

步进电动机绕组引出线		步进电动机驱动器	步进电动机绕组引出线		步进电动机驱动器
色与	色引出线相接	接于 U 相	色与	色引出线相接	接于 W 相
色与	色引出线相接	接于 V 相			

按上述接线，使机械手沿从原点向分拣单元的方向移动，记录步进电动机驱动器输入端 DIR 电平的高低。

二、步进电动机驱动器电流设定与步数细分考核

步进电动机驱动器电流设定与步数细分，填写表 6-4。

表 6-4　步进电动机驱动器 DIP 开关设定

输出电流设定					步数细分设定			
电流值（有效值）	SW1	SW2	SW3	SW4	步数/圈	SW6	SW7	SW8
6.0A					10000			

任务 2　搬运单元的安装与调试

【任务描述】

要求学生掌握搬运单元的结构与工作过程；能够对搬运单元的传动部分进行安装与调

试；能够对搬运单元的气路进行安装与调试；能够对搬运单元的电路部分进行安装与调试；能够使用 PLC 编程并对运行过程进行调试；实现自动生产线整机调试。

【知识链接】

一、搬运单元的结构与工作过程

1. 搬运单元的结构

搬运单元由抓取机械手装置、步进电动机驱动组件、PLC 模块、按钮/指示灯模块和接线端子排等部件组成。

（1）抓取机械手装置 搬运单元的抓取机械手可实现升降、伸缩、气动手指夹紧（松开）和沿垂直轴旋转四维运动。该装置安装在伺服驱动组件的滑动溜板上，在驱动组件带动下做直线往复运动。定位到其他各单元的工作台，然后完成抓取和放下物料的功能。搬运单元的抓取机械手装置参看图 6-1，由以下四部分组成。

① 气动手指 双作用气缸，由 1 个二位五通双向电控阀控制，带有状态保持功能，用于各个工作站抓物搬运。

② 伸缩气缸 双作用气缸，由 1 个二位五通单向电控阀控制，用于控制手爪伸出缩回。

③ 回转气缸 双作用气缸，由 1 个二位五通单向电控阀控制，用于控制手臂正反向 90°旋转，气缸旋转角度可以任意调节，范围为 0°～180°，通过节流阀下方两个固定缓冲器进行调整。

④ 提升气缸 双作用气缸，由 1 个二位五通单向电控阀控制，用于整个机械手的提升与下降。

以上气缸的运行速度由进气口节流阀调整进气量来进行调节。

（2）步进电动机驱动组件 由步进电动机、同步带、直线导轨、滑动溜板、拖链等组成，如图 6-19 所示。

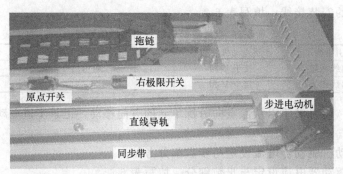

图 6-19　步进电动机驱动组件

2. 搬运单元的工作过程

传感器检测到供料单元的物料槽有物料→抓取机械手伸出→手爪夹紧抓取物料→上升→缩回→移向加工单元→到达加工单元机械手停止→伸出→下降→手爪松开将物料放到加工单元物料槽→机械手缩回→物料加工完成后机械手伸出抓取物料→上升缩回送往装配单元→装配完成后机械手伸出抓取物料→上升缩回→向左旋转 90°前往分拣单元→当物料被送至分拣单元后，机械手返回原位，准备下一周期的工作。

二、搬运单元气路控制

搬运单元气动控制回路如图 6-20 所示。主要由控制抓取机械手的四个气缸组成，它们是提升气缸、伸缩气缸、摆动气缸、手爪气缸。

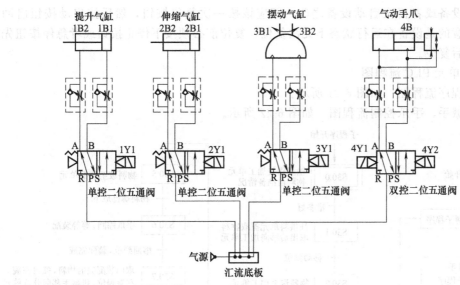

图 6-20　搬运单元气动控制回路

三、搬运单元 PLC 控制

1. 搬运单元的生产工艺流程

（1）初始状态　设备上电和气源接通后，各气缸处于初始位置。此时，机械手在原点，伸缩气缸缩回、手爪松开、提升气缸下降、摆动气缸摆动角度 0°。

（2）启动控制

① 按启动按钮后，传感器检测到供料单元的物料槽有物料、加工单元及装配单元物料槽无物料，伸缩电磁阀得电，机械手伸出，伸出到位延时，延时时间到手爪夹紧电磁阀得电，手爪夹紧抓取物料，夹紧到位延时，延时时间到提升电磁阀得电，机械手上升，上升到位，提升电磁阀失电，机械手缩回同时夹紧电磁阀失电，但手爪仍处于夹紧状态。

② 机械手由供料单元移向加工单元。

③ 机械手到达加工单元停止，伸缩气缸得电，机械手伸出，伸出到位延时，延时时间到提升电磁阀失电，机械手下降，下降到位延时，延时时间到手爪放松电磁阀得电，手爪松开将物料放到物料槽，手爪松开电磁阀失电（手爪仍处于松开状态），机械手缩回，物料加工完成后，加工单元限制加工，机械手再次伸出抓取物料后上升缩回。

④ 机械手由加工单元移向装配单元。

⑤ 机械手到达装配单元停止，工艺流程同加工单元基本相同，只是机械手抓取装配完成物料缩回后先向左旋转 90°，将手爪伸出方向对准分拣单元物料台，然后前往分拣单元。

⑥ 机械手将物料放至分拣单元物料台后，手爪缩回，机械手右旋 90°同时高速返回，低速回原点，碰到原点行程开关停止，准备进行下一周期的搬运。

（3）停止、急停及复位控制

① 停止控制　设备需要正常停止时，按下停止按钮，供料单元停止供料，搬运单元机械手停止搬运，其他四个单元在满足物料情况下完成本周期工作后停止。此时，"停止指示灯"红色指示灯亮，表示设备正常停止。

② 急停控制　当运行的设备出现卡住物料等故障时，立刻按下急停按钮，运行设备立刻停止运行。此时，除"停止指示灯"红色指示灯亮之外，"故障指示灯"橙色灯也亮，用以区别正常停止与故障停止。

③ 复位控制　按下复位按钮，设备无论运行到何种位置，各元器件均回到起始状态。

第一次启动设备或者再次启动设备之前，都应该按一次复位按钮，然后按启动按钮启动设备。需要注意的是设备在运行状态下无法复位，复位前必须按下停止按钮或者急停按钮先停止运行，然后复位。

2. 搬运单元 PLC 流程图

（1）主程序流程图　如图 6-21 所示。

（2）机械手、手爪控制流程图　如图 6-22 所示。

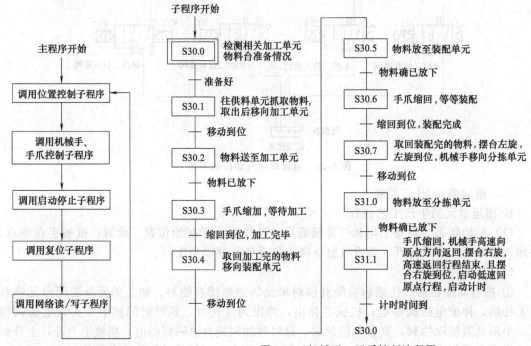

图 6-21　主程序流程图　　　　　　图 6-22　机械手、手爪控制流程图

3. 搬运单元 PLCI/O 地址分配

搬运单元中的输入设备共有 3 个用于位置检测的行程开关，有 7 个检测气缸极限位置的磁性开关，用于复位、启动、停止和紧急停止的 4 个按钮开关。搬运单元的输出设备有 1 个步进电动机驱动器，控制提升气缸、摆动气缸、伸缩气缸和手爪气缸的电磁阀。搬运单元共有 14 个数字量输入点、7 个数字量输出点，PLC 模块选用西门子 S7-200CPU226 DC/DC/DC（24 点数字量输入/14 点数字量输出）的 PLC。搬运单元的 I/O 地址分配表见表 6-5。

表 6-5　搬运单元 PLC 的 I/O 地址分配表

输入信号			输出信号		
序号	输入地址	功　能	序号	输出地址	功　能
1	I0.0	原点行程开关	1	Q0.0	脉冲输出
2	I0.1	右限位行程开关	2	Q0.1	方向控制
3	I0.2	左限位行程开关	3	Q0.2	提升台上升电磁阀
4	I0.3	提升台下限	4	Q0.3	摆动气缸左旋电磁阀
5	I0.4	提升台上限	5	Q0.4	手爪伸出电磁阀
6	I0.5	转缸左转到位	6	Q0.5	手抓夹紧电磁阀
7	I0.6	转缸右转到位	7	Q0.6	手爪放松电磁阀
8	I0.7	手抓伸出到位			
9	I1.0	手爪缩回到位			
10	I1.1	手抓夹紧状态			
11	I1.3	复位按钮			
12	I1.4	启动按钮			
13	I1.5	停止按钮			
14	I1.6	紧急停止按钮			

4. 搬运单元 PLC 控制原理图

根据地址分配表可以得出 PLC 控制原理图，如图 6-23 所示。

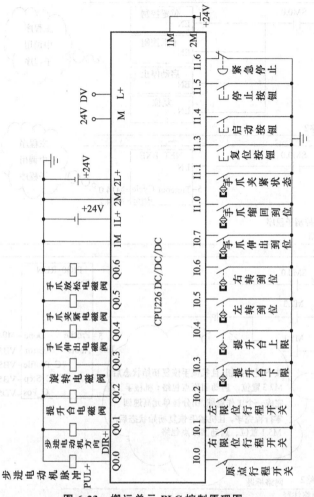

图 6-23 搬运单元 PLC 控制原理图

【技能训练】

一、PLC 控制电路接线

要求：按照搬运单元 PLC 控制原理图，完成系统接线，配置 PLC 的网络系统。检测 PLC 的输入端子与传感器之间的关系。

二、机械手移动距离与各单元的机械位置的配合

调整包络脉冲数和各单元之间机械位置，或保持各工作单元之间移动包络脉冲数不变，调整各工作单元机械位置，使机械手按脉冲步数运行，实现准确到达各站位置。调整完毕填写表 6-6。

表 6-6 各工作单元距离

移动路径	包络名称	脉冲数	各工作单元间距离/mm
供料单元→加工单元			
加工单元→装配单元			
装配单元→分拣单元			

三、搬运单元编程与调试

搬运单元部分程序如图 6-24 所示。

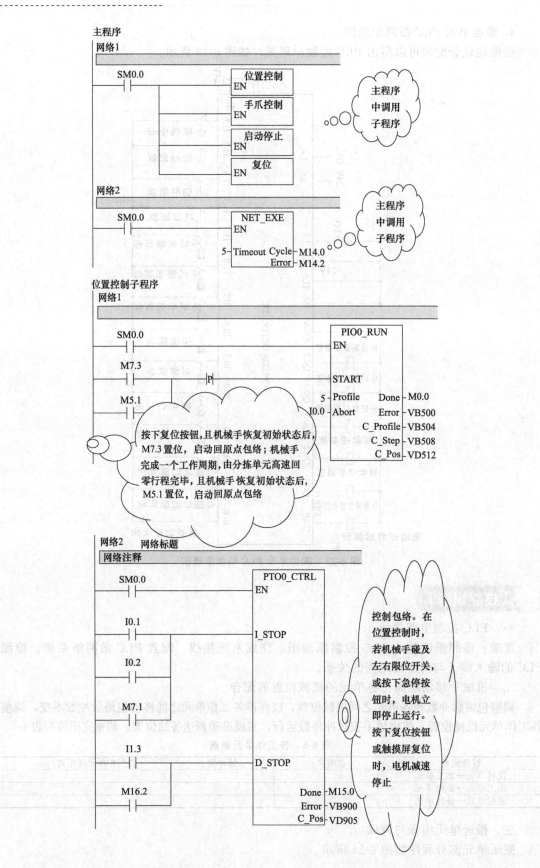

主程序

网络1

SM0.0 ──┤├──┬── 位置控制 EN

├── 手爪控制 EN

├── 启动停止 EN

└── 复位 EN

主程序中调用子程序

网络2

SM0.0 ──┤├── NET_EXE EN

5 ─ Timeout Cycle ─ M14.0
Error ─ M14.2

主程序中调用子程序

位置控制子程序

网络1

SM0.0 ──┤├──────────────── PIO0_RUN EN

M7.3 ──┤├──┤P├── START

M5.1 ──┤├── 5 ─ Profile Done ─ M0.0
I0.0 ─ Abort Error ─ VB500
C_Profile ─ VB504
C_Step ─ VB508
C_Pos ─ VD512

按下复位按钮,且机械手恢复初始状态后,M7.3置位,启动回原点包络;机械手完成一个工作周期,由分拣单元高速回零行程完毕,且机械手恢复初始状态后,M5.1置位,启动回原点包络

网络2　网络标题

网络注释

SM0.0 ──┤├── PTO0_CTRL EN

I0.1 ──┤├── I_STOP

I0.2 ──┤├──

M7.1 ──┤├──

I1.3 ──┤├── D_STOP

M16.2 ──┤├── Done ─ M15.0
Error ─ VB900
C_Pos ─ VD905

控制包络。在位置控制时,若机械手碰及左右限位开关,或按下急停按钮时,电机立即停止运行。按下复位按钮或触摸屏复位时,电机减速停止

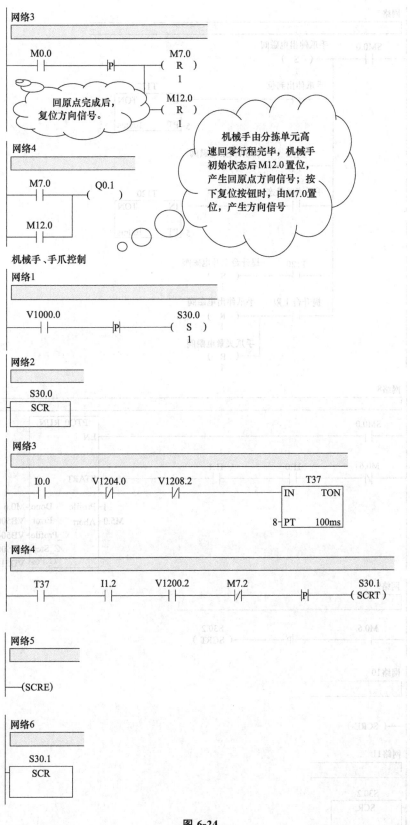

图 6-24

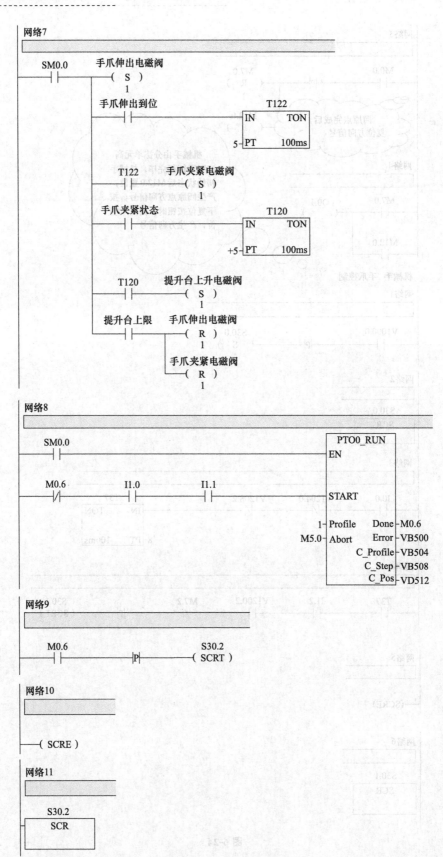

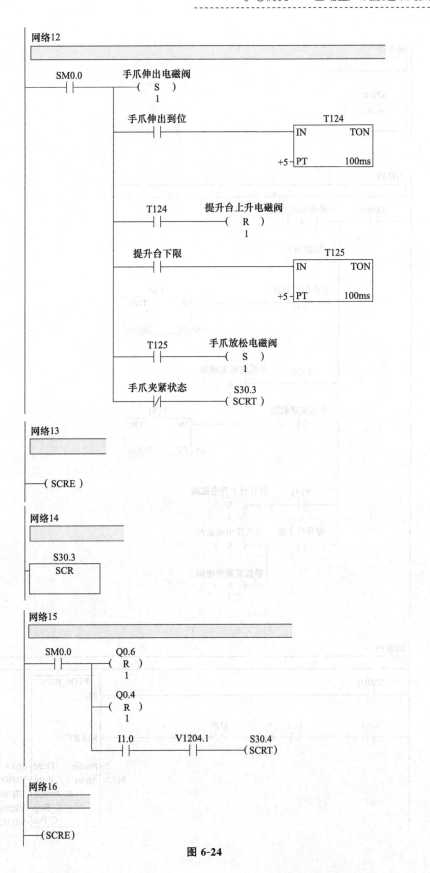

图 6-24

网络17

S30.4
SCR

网络18

SM0.0 ──┤├── 手爪伸出电磁阀
(S)
1

限制加工
( )

手爪伸出到位 ──┤├── T30
IN TON
+5─PT 100ms

T130 ──┤├── 手爪夹紧电磁阀
(S)
1

手爪夹紧状态 ──┤├── T131
IN TON
+5─PT 100ms

T131 ──┤├── 提升台上升电磁阀
(S)
1

提升台上限 ──┤├── 手爪伸出电磁阀
(R)
1

手爪夹紧电磁阀
(R)
1

网络19

SM0.0 ──┤├──
PTO0_RUN
EN

M0.7 ──┤/├── I1.1 ──┤├── I1.0 ──┤├──
START

2─Profile   Done─M0.7
M5.0─Abort   Error─VB500
C_Profile─VB504
C_Step─VB508
C_Pos─VD512

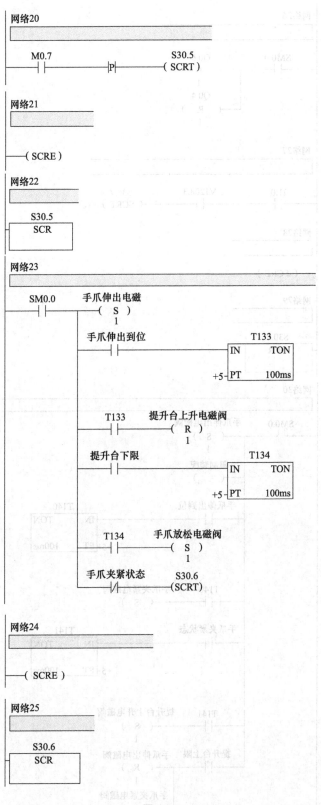

图 6-24

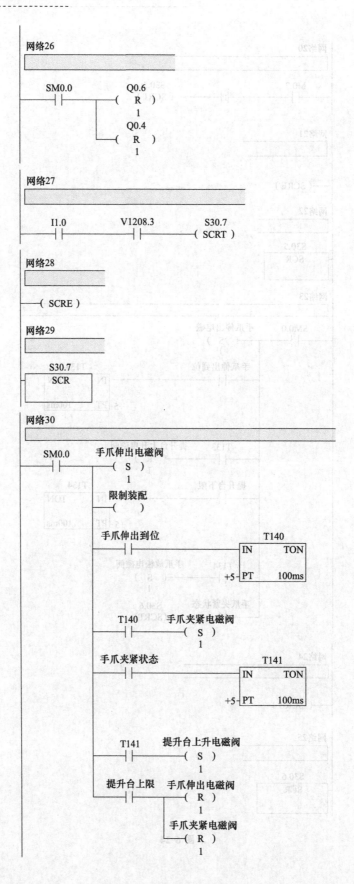

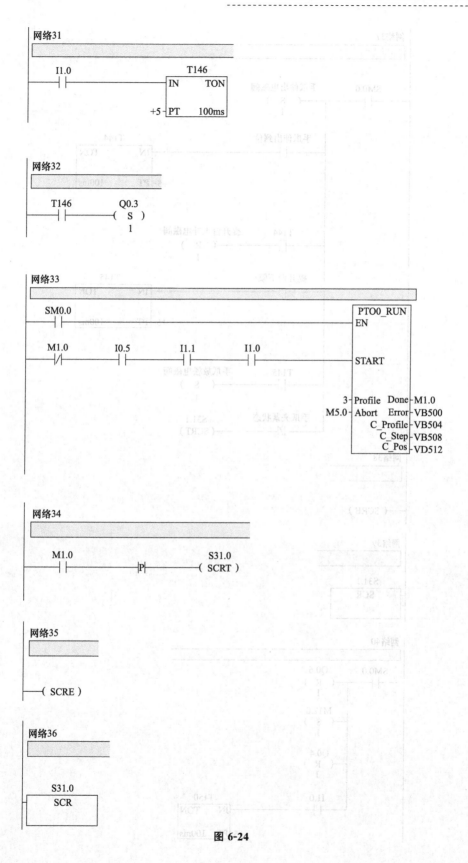

图 6-24

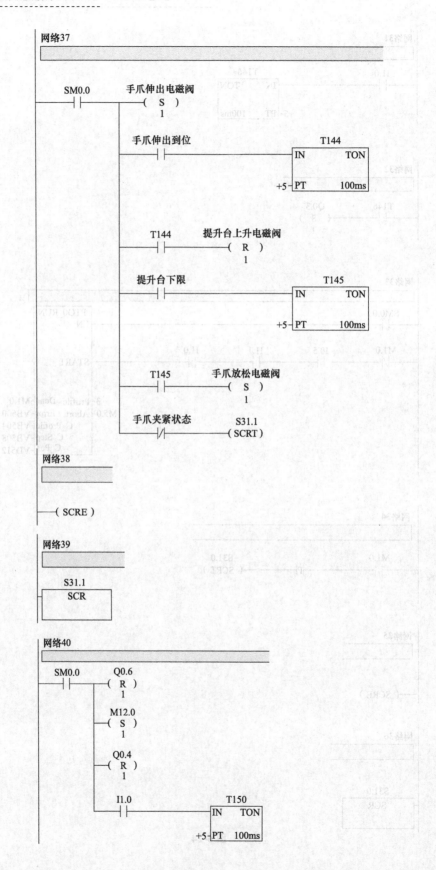

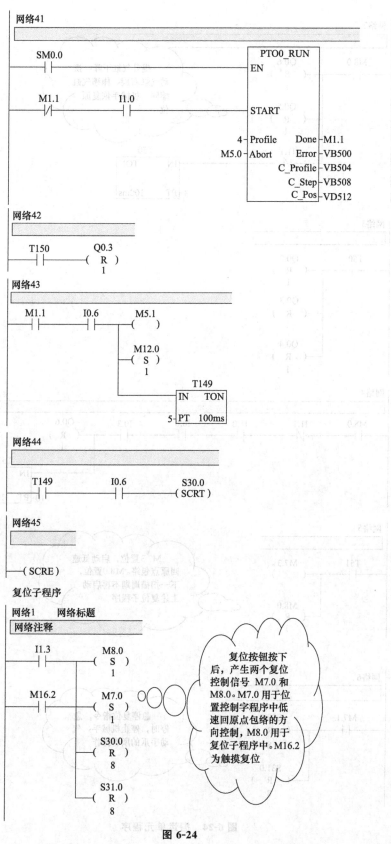

网络41

```
         SM0.0                          PTO0_RUN
         ─┤ ├─────────────────────────┤EN      │
                                       │        │
         M1.1        I1.0              │        │
         ─┤/├────────┤ ├──────────────┤START   │
                                       │        │
                            4─┤Profile    Done├─M1.1
                          M5.0─┤Abort      Error├─VB500
                                       │    C_Profile├─VB504
                                       │    C_Step├─VB508
                                       │    C_Pos├─VD512
```

网络42

```
         T150        Q0.3
         ─┤ ├───────( R )
                       1
```

网络43

```
         M1.1    I0.6         M5.1
         ─┤ ├────┤ ├──────┬──( )
                          │
                          │   M12.0
                          ├──( S )
                          │     1
                          │
                          │        T149
                          └──┤IN    TON│
                             │         │
                           5─┤PT   100ms│
```

网络44

```
         T149    I0.6          S30.0
         ─┤ ├────┤ ├──────────(SCRT)
```

网络45

```
         ─(SCRE)
```

复位子程序

网络1　网络标题

网络注释

```
         I1.3         M8.0
         ─┤ ├────┬──( S )
                 │     1
                 │
         M16.2   │   M7.0
         ─┤ ├────┼──( S )
                 │     1
                 │
                 │   S30.0
                 ├──( R )
                 │     8
                 │
                 │   S31.0
                 └──( R )
                       8
```

> 复位按钮按下后，产生两个复位控制信号 M7.0 和 M8.0。M7.0 用于位置控制字程序中低速回原点包络的方向控制，M8.0 用于复位子程序中。M16.2 为触摸复位

图 6-24

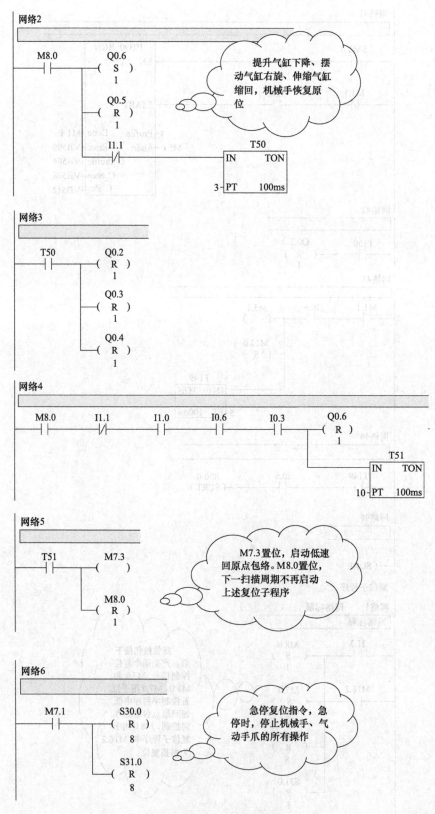

图 6-24　搬运单元程序

【考核评价】

① 根据机械手移动特点，结合程序分析，填写表 6-7，说明各包络的含义。

表 6-7　各运动包络含义

相关说明 包络名称	机械手移动区间	包络的启动条件	包络脉冲数	机械手移动 终止条件
运行包络 1				
运行包络 2				
运行包络 3				
运行包络 4				
运行包络 5				

② 根据程序分析，填表 6-8，说明搬运单元梯形图中各辅助继电器的含义。

表 6-8　搬运单元梯形图中各辅助继电器的含义

辅助继电器名称	代表的含义	辅助继电器名称	代表的含义
M0.0		M8.0	
M0.6		M12.0	
M0.7		M14.0	
M1.1		M14.2	
M7.0		M15.0	
M7.1		M16.0	
M7.2		M16.1	
M7.3		M16.2	

③ 根据调试过程中出现的下列问题提出不同的解决方案，并分析各方案的可实施性，写出具体实施方案，并调试实施。

• 机械手定位不十分准确。
• 机械手手爪夹紧度不够。

学习情境 7

人机界面的应用

【情境描述】

触摸屏作为一种人机界面（human-machine interface，HMI），是沟通操作人员和 PLC 设备之间的一种双向桥梁，是 PLC 控制设备使用时的最好搭档。操作人员可以通过使用触摸屏厂家专用的组态软件（不同厂家可能不兼容），通过自主的组合文字、按钮、图形、数字等设计人机界面的画面，监控和管理现场设备的随时变化的运行状态和信息，使用方便，提高效率。

THJDAL-2 型自动生产线系统的人机界面采用西门子公司新研制的 Smart line 系列中的 Smart 700 型触摸屏。用户可以利用 Wincc flexible 将组态好的界面载入触摸屏，观察到整个系统的运行状况，并可以对触摸屏的操作实现自动生产线系统的控制。

任务 1 人机界面 Smart 700 的认识

【任务描述】

要求学生了解西门子人机界面 Smart 700 型触摸屏的用途、特点、操作面板功能；掌握西门子人机界面 Smart 700 型触摸屏的使用、连接与调试。

【知识链接】

Smart 700 触摸屏结构如图 7-1 所示。

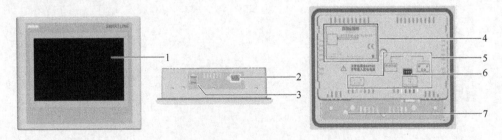

图 7-1 Smart 700 触摸屏结构

1—触摸屏；2—RS485/RS422 接口；3—电源连接器；4—铭牌；5—接口名称；6—DIP 开关；7—功能接地连接

一、Smart 700 的硬件特点

Smart 700 提供了人机界面所具有的标准功能，采用 800×480dpi 高分辨率，16∶9 宽屏 LED 背光显示，大大降低了设备的能耗，从而延长了触摸屏的使用寿命。Smart 700 采用 Wincc flexible 组态软件设计界面。

Smart 700 集成 RS422/RS485 通信接口，点对点连接 PPI 通信协议使得 Smart 700 与 S7-

200 建立可靠稳定的连接。通信速率高达 187.5kbps，远高于市面上其他厂家 9.6kbps 的速度。

Smart 700 采用当今流行的高端 ARM 处理器，主频可达到 400MHz，具有更快的处理数据速度，增强的 64MDDR 内存使得画面的切换速度更快，FLASH 内存为 8M。24V 直流电源供电，电源范围可达±20％（19.2～28.8V），并带有反接自恢复保护功能。

二、Smart 700 的组态软件特点

Smart 700 采用 Wincc flexible 标准版组态软件设计各种界面，作为精彩系列面板的组态软件，Wincc flexible 简单直观，功能强大，非常适合机械设备或生产线中人机界面的应用。Wincc flexible 组态软件中的 Smart 700 触摸屏包含了变量管理、画面、报警管理、配方管理、文本和图形列表、用户管理、趋势曲线等标准的人机界面组态软件功能，提供了丰富的设置参数，用户只需要设置几个参数，就可以实现漂亮的画面设计及丰富的功能。

三、Smart 700 的控制设置

1. 启动 Smart 700 设备

在电源接通后屏幕会亮起，并在 Smart 700 启动期间会显示进度条。启动后，将出现图 7-2 所示的装载程序界面，此界面中各按钮的功能如下。

① Transfer 按钮：按下此按钮，HMI 设备被切换至传送程序模式，以便上载组态界面。

② Start 按钮：按下此按钮，HMI 设备启动，运行上载好的 HMI 设备项目。

③ Control Panel：按下此按钮，启动 Smart 700 控制面板。此控制面板可以设置用户权限，即具有用户口令保护功能。如果忘记控制面板密码，则必须先更新操作系统，之后才能在控制面板中进行更改。更新操作系统后，HMI 设备上的所有数据都将被覆盖。

如果 Smart 700 中装载了 HMI 项目，则启动 Smart 700 后大约需要延迟一段时间后可以进入项目界面；若之前没有装载 HMI 项目，则启动 Smart 700 后系统会自动切换到 "Transfer" 模式，如图 7-3 所示。

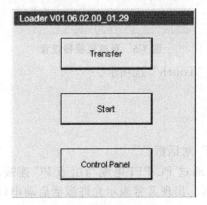

图 7-2　装载程序界面

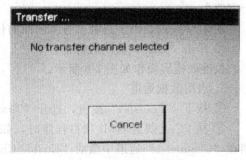

图 7-3　"Transfer" 模式

按下 "Cancel" 取消传送模式，返回装载程序界面。

2. 打开控制面板

按下 "Control Panel" 按钮，打开控制面板，出现图 7-4 界面，在控制面板中可以对 HMI 设备进行操作设置、密码保护、传送设置、屏幕保护程序、声音信号五项组态设置，对控制面板中五项组态 HMI 设备功能描述如下。

① OP：更改监视器设置；显示关于 HMI 设备的信息；校准触摸屏；显示 HMI 设备的许可信息。

② Password：更改密码设置。

③ Transfer：启用数据通道设置。

图7-4 控制面板界面

④ Screen Saver：设置屏幕保护程序。

⑤ Volume Settings：设置声音反馈信号。

3. 更改监视器设置

① 双击控制面板中 "OP" 按钮，打开 "OP Properties" 对话框。

② 单击 "Display" 选项，在 "Delay time" 文本框在可以设置项目启动延时时间（单位为 s），定义好从出现装载程序到项目启动所经过的等待时间。时间有效范围为 0～60s。

③ 单击 "OK" 确定对话框并保存输入内容。

需要说明的是如果将延迟时间设置为 0s，则表示项目会立即启动。这样，在接通 HMI 设备之后将不可能调用装载程序，导致无法进入组态界面，因此建议不要将延迟时间设置为 "0"。

更改监视器设置过程如图 7-5 所示。

4. 校准触摸屏

① 双击 "OP" 按钮，打开 "OP Properties" 对话框。

② 单击至 "Touch" 选项卡。

③ 按下 "Recalibrate" 按钮，打开校准触摸屏画面。

④ 用手指触摸屏幕画面中心出现的十字。

⑤ 十字被点击后，会自动移至屏幕的左上角，表明触摸屏自动校准，用手指点击屏幕左上角的十字。此时十字自动移至左下角。

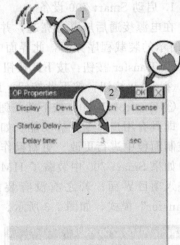

图7-5 更改监视器设置

⑥ 点击左下角十字。

⑦ 点击右下角十字。

⑧ 点击右上角十字。十字不动后，再次点击十字，十字消失。

⑨ 在 30s 内，用手指触摸屏幕画面的任意区域返回 "Touch" 选项卡。

⑩ 单击 "OK"，关闭对话框。

校准触摸屏操作如图 7-6 所示。

5. 启用数据通道

① 按下 "Transfer" 按钮，打开 "Transfer settings" 对话框。

② 从 PC 上载至 HMI 项目程序时，如果 HMI 设备通过 PC-PPI 电缆与组态 PC 连接，则在 "Channel 1" 通道中激活 "Enable Channel" 复选框。出现叉号表示允许激活启动串口传送，无叉号表示禁止串口传送。

③ 使用 "OK"，关闭对话框。

启用数据通道操作如图 7-7 所示。值得注意的是，在项目传送完毕，最好锁定禁用数据通道来保护 HMI 设备，避免无意中误操作覆盖项目数据。

6. 声音反馈信号设置

① 连续双击 "Volume Setting" 按钮打开 "Sound Setting" 对话框。

② 选择 "Sound ON" 复选框，出现叉号表示声音反馈信号被激活，此时触摸触摸屏获得声音反馈。再次点击复选框时，叉号消失，触摸触摸屏或报警消息均无声音反馈。

③ 单击 "OK" 关闭对话框，保存设置。

设置声音反馈信号操作如图 7-8 所示。

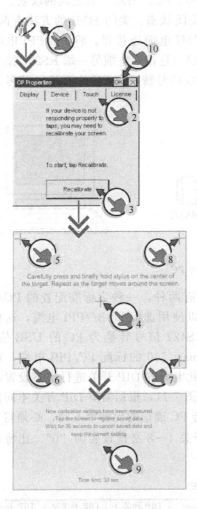

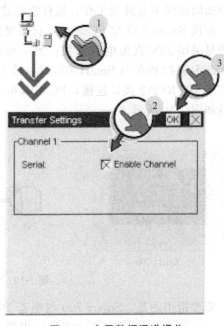

图 7-7　启用数据通道操作

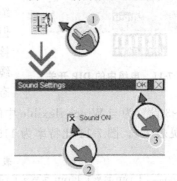

图 7-6　校准触摸屏操作

图 7-8　声音反馈信号操作

【技能训练】

结合 THJDAL-2 型自动生产线系统，用 Smart 700 触摸屏上的组态界面，包括启动、停止、复位按钮等控制整个系统的运行。

一、Smart 700 电源的连接

使用 Smart 700 设备前，需要将 Smart 700 与 24V 直流电源正确连接方可使用，两者的连接非常方便，只需将接好电缆的 2 针插头电源连接器插入 HMI 设备下方的电源插口，然后将电缆的另一头接入 THJDAL-2 型自动生产线系统自带的 24V 直流电源即可。24V 直流电源与触摸屏的连接如图 7-9 所示。

二、Smart 700 与组态 PC 的连接

由于组态 PC 具有传送项目、传送设备映像、恢复 HMI 设备默认设置与项目数据等功能，因此连接好电源并设置好 Smart 700 触摸屏各项组态后，要将 Wincc flexible 组态好的界面载入 Smart 700，以便使用 Smart 700 控制 PLC 设备的运行，使自动生产线系统在人

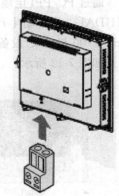

图 7-9　电源连接

机界面的操纵下有效地工作，这便需要建立起 Smart 700、PC、PLC 三者之间的联系。

连接 Smart 700 与 PC 之前，首先确保 HMI 处于关闭状态。关闭 HMI 的方法有两种：一种是关闭 24V 直流电源开关；另一种是直接拔掉 HMI 电源连接器。将 PC/PPI 电缆的 RS485/RS422 接头与 Smart 700 设备的 RS485/RS422 接口连接；电缆另一端 RS232 接头与组态 PC 的 RS232 接口连接，PC/PPI 电缆可以将 RS485 信号转换为 PC 的 RS232 信号，其接线如图 7-10 所示。

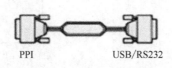

Smart 700   PPI   USB/RS232   PC

图 7-10　连接 Smart 700 与 PC

需要指出的是，Smart 700 与组态 PC 的连接电缆有两种，一种为标准配置的 PC/PPI

图 7-11　电缆中的 DIP 开关

电缆，另一种也可以使用选配 USB//PPI 电缆，这种电缆可以将 RS485/RS422 信号转换为 PC 的 USB 信号。但是注意若使用 Smart 700 的标配 PC/PPI 电缆，在连接两者之前需要对此电缆的 DIP 开关进行组态设置，电缆中的 DIP 开关如图 7-11，根据需要 DIP 开关不同的组态方式，则 HIM 与 PC 通信的比特率不同，必须将 DIP 开关 1～3 设置为与 Wincc flexible 中的值相同，DIP 开关 4～8 必须设置为"0"，比特率设置方式见表 7-1，图 7-11 比特率为 115.2kbps。

表 7-1　比特率设置方式

比特率/kbps	DIP 开关 1	DIP 开关 2	DIP 开关 3	比特率/kbps	DIP 开关 1	DIP 开关 2	DIP 开关 3
115.2	1	1	0	9.6	0	1	0
57.6	1	1	1	4.8	0	1	1
38.4	0	0	0	2.4	1	0	0
19.2	0	0	1	1.2	1	0	1

三、Smart 700 与 PLC 连接

通过 PC/PPI 电缆，将组态的项目载入 HMI 后，为了使用人机界面监控 PLC 设备且使 THJDAL-2 型自动生产线系统在 Smart 700 控制下正常运行，需撤掉 PC/PPI 电缆连接 Smart 700 与 PLC 设备。使用 PLC/PPI 连接电缆，将 Smart 700 与 S7-200 连接起来，连接方式如图 7-12 所示。

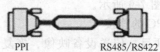

Smart 700   PPI   RS485/RS422   S7-200

图 7-12　Smart 700 与 PLC 连接

控制 THJDAJ-2 型自动生产线系统的所有 PLC 设备均为 S7-200 型号，S7-200PLC 通信方式为 RS485 协议，也可以与其他厂家使用 RS422 通信协议的 PLC 设备连接，如三菱 FX 系列，欧姆龙 CP1H 等。THJDAJ-2 型自动生产线系统主机 PLC 共两个 COM 串口，一个用于与 HMI 设备的连接，另一个用于与 PC 机的连接，从机 PLC 只有一个 COM 串口，只用于与主机 PLC 的通信而无法与 HMI 设备同时通信。另外 Smart 700 背面设有触摸屏的 RS485/RS422 接口配置 DIP 开关，由于系统使用的 S7-200 PLC 通信协议为 RS485，因此只要保持该触摸屏为出厂前默认的 RS485 通信方式 DIP 开关配置即可，不必另外设置，若为使用 PLC 设备 RS422 通信方式，则还需重新设置。

【考核评价】

① 设置 Smart 700 触摸屏操作面板。

② 接通电源，正确地将 Smart 700 触摸屏与主站 PLC 连接、PC 连接，构建触摸屏控制自动生产线系统。

任务 2 人机界面组态软件 Wincc flexible 的使用

【任务描述】

要求学生了解人机界面组态软件 Wincc flexible 的安装与操作界面；理解人机界面组态软件 Wincc flexible 的组态操作：变量、报警、过程画面、数据记录；掌握 THJDAJ-2 型自动生产线系统中的人机界面组态软件 Wincc flexible 2008 SP2 的组态操作：界面建立、变量、报警、过程监控、传送项目设置，并下载项目至 Smart 700。

【知识链接】

Wincc flexible 是专门面向西门子公司 HMI 设备的组态软件，大部分西门子公司的 HMI 产品只与 Wincc flexible 兼容。Wincc flexible 是在西门子公司过去的组态软件 Protool 基础上发展起来的，它采用直接处理方式和模块化的设计，可用于所有组态任务的工程系统，并可以将原有的 Protool 项目移植到 Wincc flexible 中。软件开放，使用方便。

一、Wincc flexible 的操作界面

图 7-13 所示为 Wincc flexible 操作界面。

二、Wincc flexible 的组态操作

Wincc flexible 用于组态用户界面，实现对机器设备的透明操作和监视。能够完成面向解决方案的组态任务，通常建立的组态数据包括如下内容。

① 过程画面：用于显示过程。

② 变量：用于运行时在 PLC 和 HMI 设备之间传送数据。

③ 报警：运行中发生故障时显示报警状态。

④ 记录数据：用于保存过程值和报警。

1. 创建新项目

如图 7-14 所示，打开 Wincc flexible 后，可选择"创建一个空白项目"或"使用项目向导创建一个新项目"，向导将指导用户执行创建新项目所有必需的步骤。按照提示用户输入项目名称和选择 HMI 设备，也可通过菜单栏中"项目/新建"命令创建项目。

2. 变量

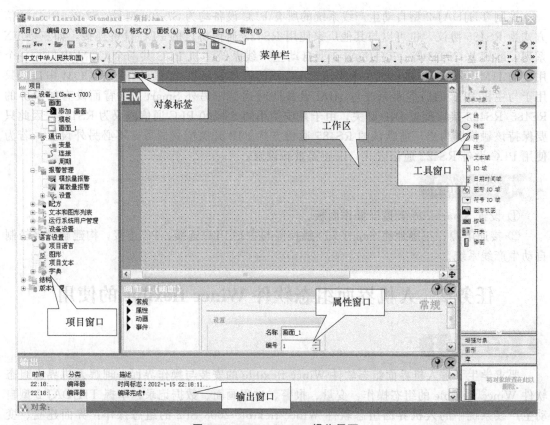

图 7-13　Wincc flexible 操作界面

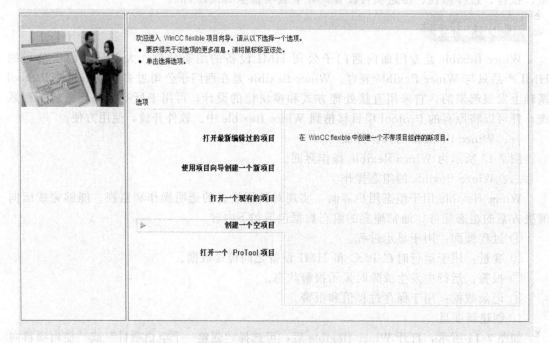

图 7-14　创建一个空白项目

　　变量是数据保存和交换的重要媒介。在 Wincc flexible 中用到两种类型的变量：外部变量和内部变量。

外部变量：是 HMI 设备和 PLC 进行数据交换的媒介。在 Wincc flexible 中创建一个外部变量，必须为其指定与 PLC 程序中相同的地址，这样 HMI 设备和 PLC 可以访问同一映像寄存器，实现 HMI 设备与 PLC 之间的通信。

内部变量：存储在 HMI 设备的内存中，无变量地址，不能够直接与 PLC 通信。因此，只有这台 HMI 设备能够对内部变量进行读写访问。

双击项目窗口中的"通讯/变量"条目打开变量编辑器。可创建一个新的变量或对显示在对象窗口中的变量进行编辑。图 7-15 所示为变量编辑器窗口。所有变量均显示在工作区的表格中。可以在表格单元中编辑变量的属性。可以通过单击表格上方的列标题，按列中的条目排序表格。

图 7-15   创建一个新的变量

3. 组态画面

组态画面设计就是将表示过程的对象插入到画面中，并对该对象进行组态使之符合过程要求。画面包含静态和动态元素。

静态元素：在运行时不改变它们的状态。例如文本或图形对象。

动态元素：根据过程改变它们的状态。通过下列方式显示当前过程值：通过外部变量，从 PLC 的映像寄存器中获得当前过程值，例如以数字、趋势图和棒图的形式显示过程值；通过外部变量，将 HMI 设备上的输入值写入到 PLC 的映像寄存器中，例如按钮启动、液位给定值。

4. 报警系统

报警就是 Wincc flexible 根据 HMI 设备上显示过程状态或从 PLC 接收到的过程数据进行组态报警。自定义报警的类型有两种：离散量报警，由 PLC 中特定的"位"被置位，引发 HMI 设备触发报警；模拟量报警，如果某一个"变量"超出了"限制值"，HMI 设备就触发报警。

离散量报警编辑器：在项目窗口中，双击"报警"组中的"离散量报警"，打开编辑器。如图 7-16 所示。在工作区以表格形式显示了所有已建立的离散量报警及其相关设置，可以在表格单元中编辑离散量报警的属性，在属性窗口中对离散量报警进行组态。

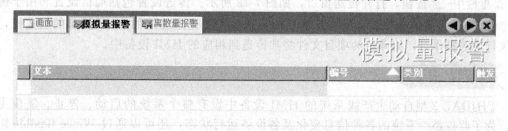

图 7-16   报警系统

模拟量报警编辑器：在项目窗口中，双击"报警"组中的"模拟量报警"，打开编辑器。在工作区以表格形式显示了所有已建立的模拟量报警及其相关设置，可以在表格单元中编辑模拟量报警的属性，在属性窗口中对模拟量报警进行组态。

5. Wincc flexible 的通信组态

在 Wincc flexible 中，外部变量用于通信。HMI 设备上的外部变量同时是 PLC 上已定义的映像寄存器，HMI 和 PLC 都可以对这些外部变量进行读写访问。这些读写操作可以是周期性的，也可以是事件触发的。

连接编辑器用于创建和组态连接。项目窗口中选择"连接"，打开连接编辑器，如图 7-17 所示。连接在工作区中以表格形式显示，可从表格单元中选择通信驱动程序，单击"参数"标签组态在表格中选择通信驱动设置，单击"区域指针"标签可以组态连接的区域指针。

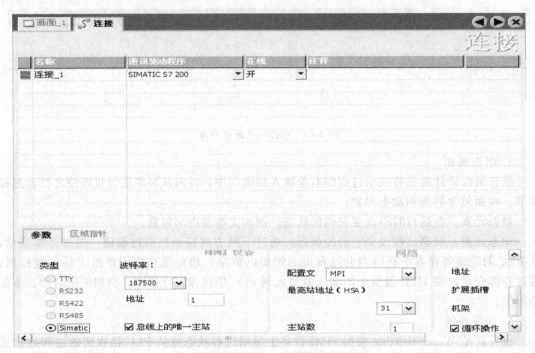

图 7-17 Wincc flexible 的通信组态

6. 项目传送

传送操作是指将 Wincc flexible 组态好的项目文件传送到要运行该项目的 HMI 设备上。HMI 设备必须连接至组态有该项目的计算机才能传送项目。

要想完成组态项目的传送，首先必须对 Wincc flexible 进行传送设置。单击 Wincc flexible 菜单栏中 按钮，打开传送窗口，如图 7-18 所示。传送设置包括通信设置和用于传送操作的 HMI 设备的选择。在组态计算机的传送设置中选定使用的 HMI 设备的复选框，那么执行传送操作时，编译后的项目文件将被传送到相应的 HMI 设备中。

【技能训练】

THJDAL-2 型自动生产线系统的 HMI 设备中设有整个系统的启动、停止、复位主界面。为了监控整个系统的各种信息变化及各设备运行状态，还可以通过 Wincc flexible 组态出其他监控、报警等界面，以方便地监测到各个设备采集到的数据变化情况以便及时作出判断。对 THJDAL-2 型自动生产线系统，要求能利用 Wincc flexible 2008 组态软件组态出主界面、退出系统界面、监控界面、报警界面共四个界面。下面详细介绍 THJDAL-2 型自动

图 7-18　组态项目的传送

生产线系统各个界面的组态操作方法。

一、主界面

1. 主界面的功能要求

① 在主界面中组态启动、停止、复位三个警示灯，作为 PLC 执行程序过程中报警输出，并组态启动、停止、复位三个按钮。

② 组态退出系统按钮，使得按下退出系统按钮后，HMI 能返回初始界面。

③ 能把 Wincc flexible 组态好的主界面项目下载至触摸屏中，并实现与 PLC 通信。

2. 实施步骤

步骤 1：打开 Wincc flexible 2008 组态软件，显示如图 7-14 所示的初始界面，该界面共有五个选项，可以利用使用项目向导创建新项目，也可以创建一个空项目，具体设置可在主画面设计中设置，选择"创建一个空项目"，打开后的画面如图 7-19 所示。

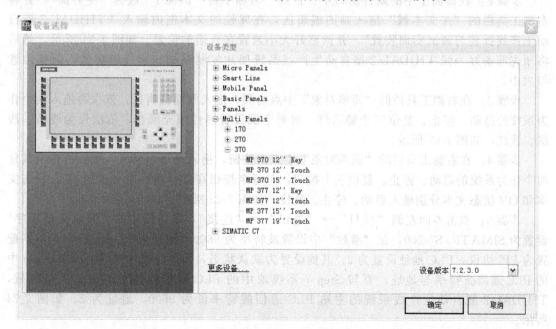

图 7-19　创建一个空项目

选择"Smart Line"→"Smart 700",点击"确定",出现如图 7-20 所示画面。

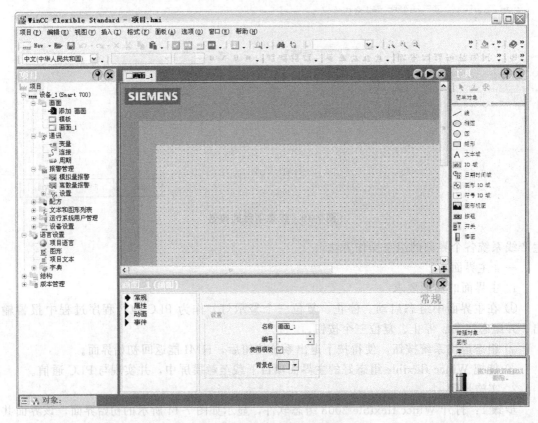

图 7-20 Smart 700 创建画面

步骤 2:在画面 1 中的属性窗口中"常规"名称中将"画面 1"改为"主界面",并将右侧工具栏的"A 文本域"拖入画面编辑区,在属性的文本框内输入"THJDAL-2 型自动生产线拆装与调试实训装置",并调整好大小放置在合适的位置。如图 7-21 所示,然后将预先准备好一张 THJDAL-2 型自动生产线系统照片复制粘贴到画面编辑区,调整位置与大小。

步骤 3:在右侧工具栏的"简单对象"中点击圆,拖入画面编辑区,依次再拖入两个作为系统的启动、停止、复位三个警示灯。对每个圆设置属性填充颜色,依次设为浅黄、浅绿、浅红,如图 7-22 所示。

步骤 4:在右侧工具栏的"简单对象"中点击按钮,拖入画面编辑区,依次再拖入其他两个作为系统的启动、停止、复位三个按钮,对每个按钮在常规属性中文本的 OFF 状态文本和 ON 状态文本分别输入启动、停止、复位。如图 7-23 所示。

步骤 5:双击界面左侧"项目"→"通讯"→"连接",将连接中的"通讯驱动程序"设置为 SIMATIC S7-200,在"参数"中设置波特率为 9600,地址为 1,Smart 700 网络配置为 PPI 协议,PLC 地址设置为 2,其他设置为默认状态,需要注意的是 Wincc flexible 中的 PLC 通信波特率与地址,要与 Step 7 系统块中的 PLC 通信波特率与地址保持一致,THJDAL-2 型自动生产线系统的主站 PLC 通信波特率设为 9600,地址为 2。如图 7-24 所示。

步骤 6:双击"项目"→"通讯"→"变量",在第一行名称下用鼠标双击,激活变量

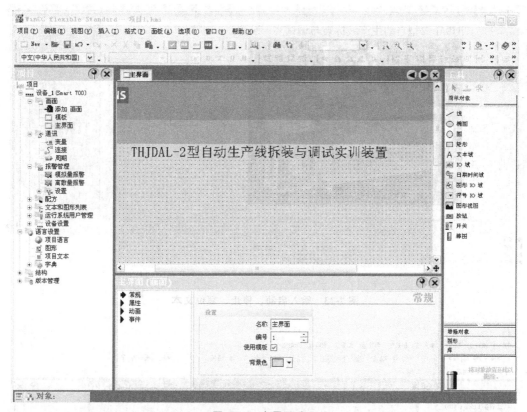

图 7-21　主界面建立

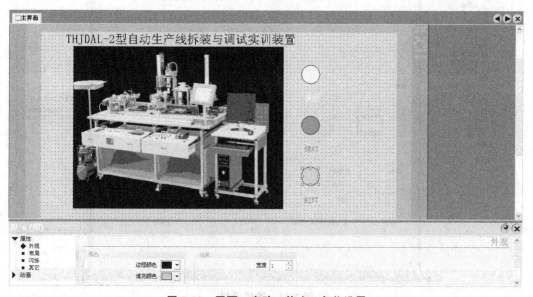

图 7-22　画面、启动、停止、复位设置

设置，名称下输入黄灯，连接设置连接 _ 1 为 S7-200 作为外部变量，数据类型为 BOOL 型，地址为 V1000.7，数据计数为 1，采集周期为 1s，采集模式为循环使用。依次设置好红灯、绿灯、启动、停止、复位按钮各项参数，如图 7-25 所示。各变量 PLC 地址分配表见表 7-2。

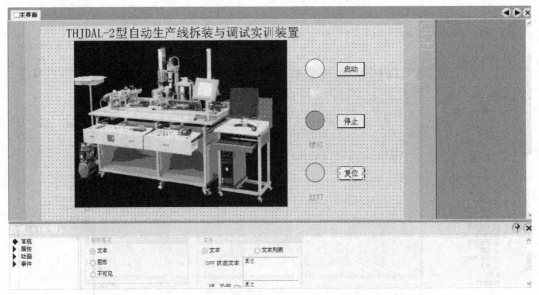

图 7-23　输入启动、停止、复位文本

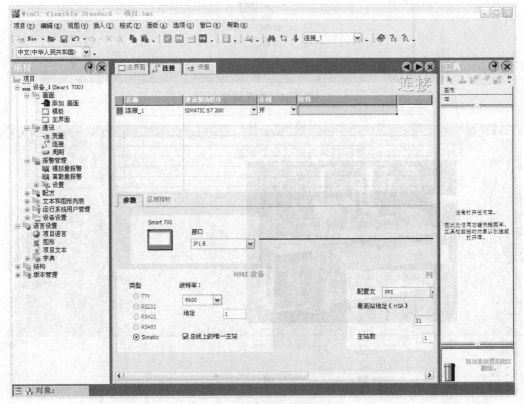

图 7-24　通信设置

表 7-2　各变量 PLC 地址分配表

编号	变量功能	变量地址	编号	变量功能	变量地址
1	黄灯	V1000.7	4	启动	M16.0
2	绿灯	V1000.5	5	停止	M16.1
3	红灯	V1000.6	6	复位	M16.2

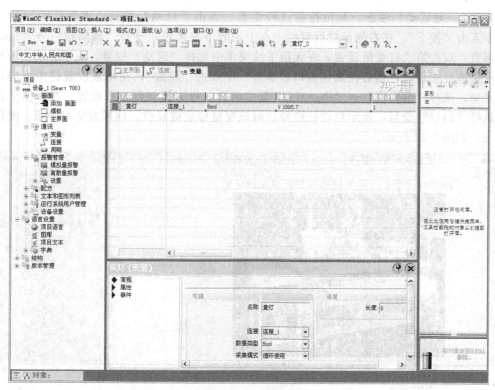

图 7-25　变量设置

步骤 7：回到主界面，点击黄灯在"外观"中启用变量上打钩，变量复选框内选择"黄灯"，类型为"位"，双击表格第一行和第二行，分别设置值为 0 和 1，颜色分别为浅黄和深黄。如图 7-26 所示，同样方法组态好其他两个警示灯。

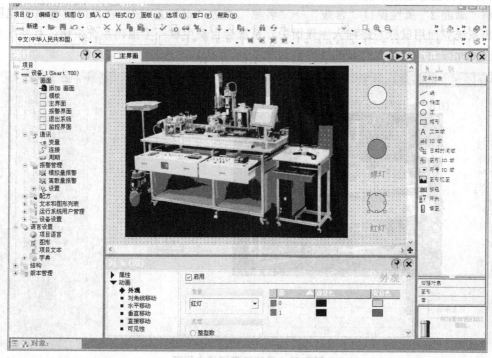

图 7-26　按钮动画外观设置

步骤8：对启动、停止、复位按钮进行组态，点击"启动"按钮，在属性窗口的"事件"中点击"按下"，在右侧函数设置栏中点击函数下拉菜单，选择"编辑位"→"Setbit"置位函数，双击第二行变量设置，在无值下拉菜单中选择"启动"变量，表示启动按钮按下时该变量地址被置位；然后在属性窗口"事件"中点击"释放"，在函数设置栏中点击函数下拉菜单，选择"编辑位"→"Resetbit"复位函数，双击第二行变量设置，在无值下拉菜单中选择"启动"变量，表示启动按钮释放时该变量地址被复位。同样方法对停止、复位按钮组态。如图7-27所示。

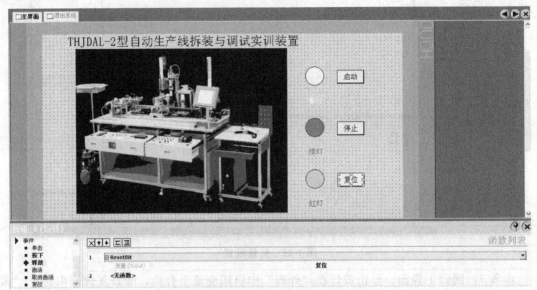

图7-27 对启动、停止、复位按钮进行组态

步骤9：组态退出系统界面，双击项目视图中"画面"→"添加画面"将出现"画面2"，将"画面2"属性窗口"常规"→"名称"改为"退出系统"，将界面左侧项目视图中的退出系统界面用鼠标左键拖入主界面中，系统会自动生成一个退出系统按钮，且系统会自动组态好此按钮。最终组态好的主界面如图7-28所示。

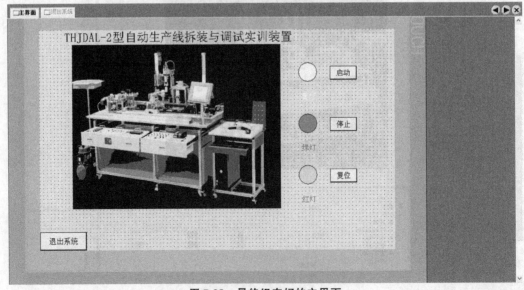

图7-28 最终组态好的主界面

步骤 10：点击 Wincc flexible 2008 菜单栏 ▦ ▾ 传送项目设置按钮进行项目传送设置，点击后出现如图 7-29 所示画面，传送模式设置为 RS232/PPI 模式，Smart 700 端口设为 COM1 口，传送波特率为 115200。

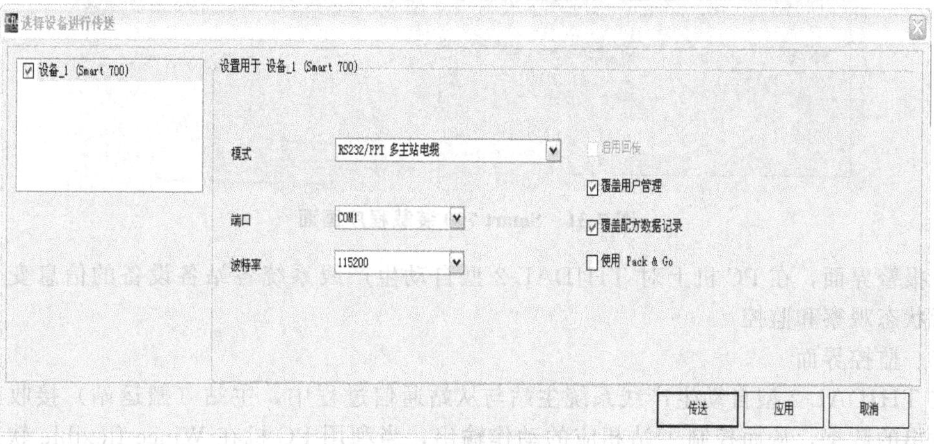

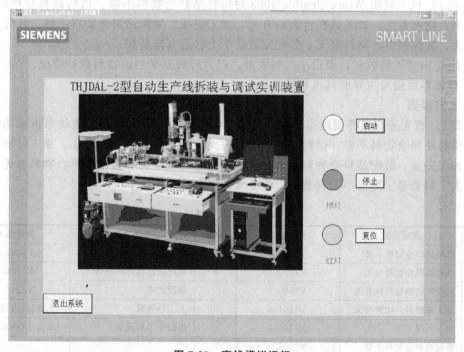

图 7-29　项目传送设置

步骤 11：可以对组态好的项目进行离线模拟运行，点击离线模拟运行按钮 ▣▶ ▾ 开始对项目编译，无编译错误后出现如图 7-30 模拟运行画面开始离线模拟运行。

图 7-30　离线模拟运行

步骤 12：将连接好组态 PC 的 Smart 700 设备的控制面板进行设置，把控制面板中的 Transfer Settings 串口设置为使能状态，如图 7-31 所示。最后按下 Smart 700 装载程序画面中的 Transfer，将 HMI 面板切换至传送模式开始传送主界面。

主界面的主要功能是完成对整个系统的启动、停止、复位以及 PLC 在运行过程中相应的警示灯输出。除了对主界面的组态，还可以组态出 THJDAL-2 型自动生产线系统的监控

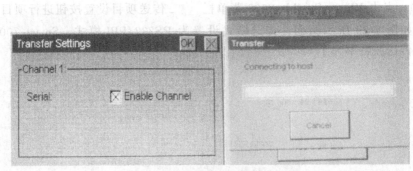

图 7-31　Smart 700 装载程序画面

界面、报警界面，在 PC 机上对 THJDAL-2 型自动生产线系统各站各设备的信息变化情况与运行状态观察和监控。

二、监控界面

在 THJDAL-2 型自动生产线系统主站与从站通信过程中，主站（搬运站）接收来自由从站发出的数据，从而控制主站相应的动作输出，当利用 PC 机在 Wincc flexible 软件上监控系统运行状态时，PC 机应与主站相连接。根据这一特点在 Wincc flexible 中组态该系统的监控界面。

1. 监控界面功能要求

① 在 PC 机上利用 Wincc flexible 2008 对供料站料仓物料不够、供料站料仓物料有无、供料站料台物料有无、加工站料台物料有无、加工完成、装配站料仓物料不够、装配站料仓物料有无、装配站料台物料有无、装配完成共 9 个状态实施监控。

② 组态出大工料数量、黑白小工料数量，以及时观察到当前物料数目情况。

③ 监控界面能与主界面自由切换。

2. 实施步骤

步骤 1：首先按照主界面组态的操作步骤，组态出如下几个具有系统状态指示功能的变量——供料站料仓物料不够、供料站料仓物料有无、供料站料台物料有无、加工站料台物料有无、加工完成、装配站料仓物料不够、装配站料仓物料有无、装配站料台物料有无、装配完成、大工料数量、黑白小工料数量。各变量地址见表 7-3。

表 7-3　各变量地址

编号	变量功能	变量地址	编号	变量功能	变量地址
1	供料站料仓物料不够	V1200.0	7	装配站料仓物料有无	V1208.1
2	供料站料仓物料有无	V1200.1	8	装配站物料台物料有无	V1208.2
3	供料站物料台物料有无	V1200.2	9	装配完成	V1208.3
4	加工站物料台物料有无	V1204.0	10	大工料数量	无地址（内部变量）
5	加工完成	V1204.1	11	黑白小工料数量	无地址（内部变量）
6	装配站料仓物料不够	V1208.0			

步骤 2：将各状态指示变量变量值设为位变量，输出为 0 时设置前景色为绿色，为 1 时设置前景色为深红色，组态后的界面如图 7-32 所示。

步骤 3：单击界面右侧"工具"→"简单对象"→"abI I/O 域"，将两个 I/O 域拖入监控界面分别作为大工料数量输入和黑白小工料数量输入。点击其中大工料数量 I/O 域，在"常规"中把类型设置为输入型，过程变量设为大工料数量，格式类型为十进制，格式样式

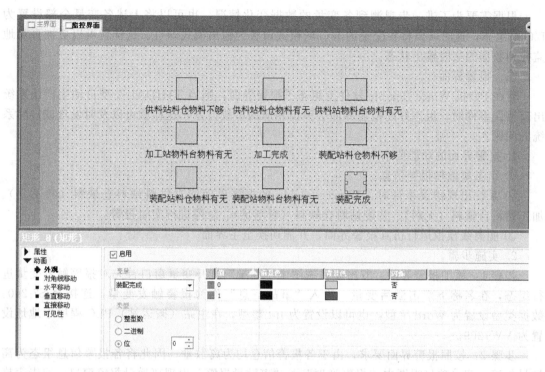

图 7-32　位变量设置

999，同样方法组态好另一个黑白小工料数量。这样完成了系统监控界面的组态，如图 7-33 所示。

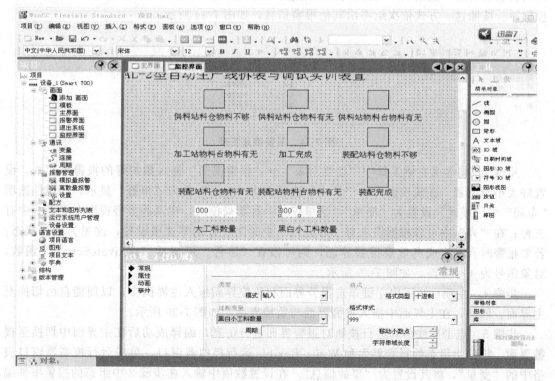

图 7-33　物料数量设置

根据需要为了进一步观测到各变量的数据变化情况，也可以将上述各变量全部设置为 I/O 域组态，这时只要将各变量的 I/O 域模式设置为输出模式即可。这样就可以更加直观地监控到数据的实时输出状态。

三、报警界面

若在 PC 机 Wincc flexible 软件上组态了报警界面，则当 THJDAL-2 型自动生产线系统出现错误事件时，组态好的报警界面会弹出相应的事故信息，这样就可以及时发现或排除系统的问题。

1. 报警界面的功能要求

① 组态离散量报警信息。

② 系统出现错误事件时，Wincc flexible 的报警界面能对供料站料仓缺料（料不足）、加工站料台缺料（无料）、装配站料仓缺料（料不足）、急停进行实时报警。

③ 能离线模拟运行仿真报警界面，并能切换至主界面。

2. 实施步骤

步骤 1：添加报警界面。双击项目视图中"变量"打开变量窗口首先对报警触发变量进行组态，在名称下双击激活变量，输入"事故信息"作为报警触发变量，连接至 S7-200，数据类型设置为 Word 字型，也可以设置为 Int 整型，在主站（搬运站）PLC 程序中地址设置为 VW1209。

步骤 2：按照报警界面要求，由于各报警信息均为离散量，因此将各报警信息组态为离散量报警。双击项目视图中"报警管理"→"离散量报警"出现离散量报警窗口，双击表格中"文本"输入"供料站料仓缺料"作为编号为 1 号报警名称，触发变量选择"事故信息"变量，触发位为"0"，这时系统会自动为编号为 1 号的报警信息生成一个触发器地址，当供料站料仓缺料时，主站 PLC 会发出报警信息，这时组态软件会将事故信息变量触发位"0"位置位。按照这一方式依次组态出其他报警信息，如图 7-34 所示。

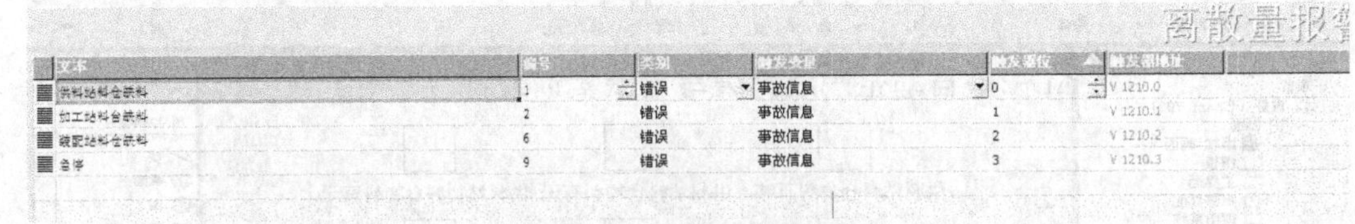

文本	编号	类别	触发变量	触发器位	触发器地址
供料站料仓缺料	1	错误	事故信息	0	V 1210.0
加工站料台缺料	2	错误	事故信息	1	V 1210.1
装配站料仓缺料	6	错误	事故信息	2	V 1210.2
急停	9	错误	事故信息	3	V 1210.3

图 7-34　报警信息组态

步骤 3：将界面右侧工具中"增强对象"→"报警视图"拖入添加好的报警界面中，设置好大小与位置，在属性窗口的"常规"选项中将"显示"设为"报警"显示，在属性选项"布局"中"模式"设置为"简单"，这里仅有一种布局模式，在某些报警视图布局模式中有三种；在"列"中可以根据需求对"可见列"中时间、日期等选项设置，这里为默认状态；若要报警时自动生成离散量报警界面，则可以在"事件"中激活"ActivateScreen"函数，对象编号为 4 号界面，如图 7-35 所示。

步骤 4：在项目视图中左键单击报警界面与监控界面拖入主界面中，以便能自由切换至主界面。同样，在主界面中拖入报警界面与监控界面。如图 7-36 所示。

步骤 5：点击离线仿真运行按钮对报警界面进行仿真，编译成功后在主界面中切换至报警界面，将弹出组态的报警界面和 Wincc flexible 运行模拟器窗口，单击运行模拟器窗口表格中的"变量"，将其设置为"事故信息"，在设置数值中输入在步骤 2 中组态的报警事件编号，这时会观察到报警界面的报警视图上会以简单模式显示相应的报警事件，说明组态的报

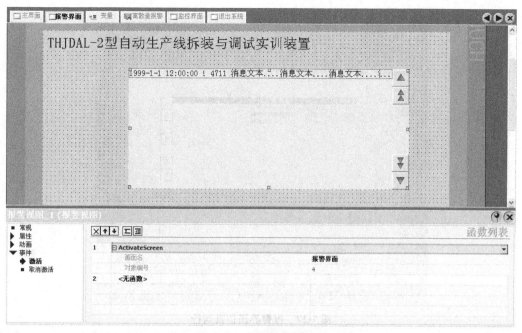

图 7-35　离散量报警界面

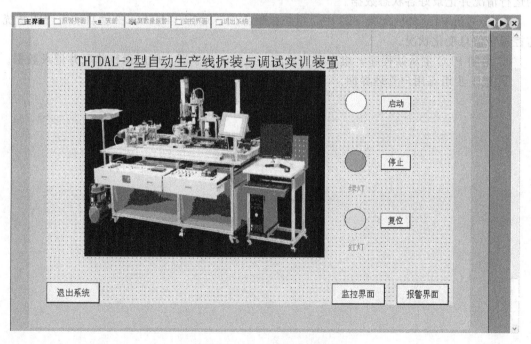

图 7-36　自由切换界面设置

警界面仿真运行正常，如图 7-37 所示。

🟦【考核评价】

① 针对 THJDAL-2 型自动生产线系统组态主界面，连接 Smart 700 与 PC，并下载主界面至 Smart 700、调试、运行系统。

② 在 Wincc flexible 2008 SP2 中，组态监控界面，连接 PLC 与 PC，在 PC 上监控系统

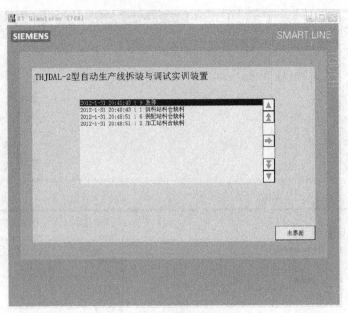

图 7-37　报警界面仿真运行

的运行情况并记录好各状态数据。

③ 在 Wincc flexible 2008 SP2 中，组态报警界面，运行 THJADL-2 型自动生产线系统，监控报警信息变化状况。

④ 编制 PLC 主从站程序，组态监控界面，监控各传感器、阀门运行状况并记录数据。

⑤ 进一步组态用户管理界面。

❖ 参考文献

[1] 吕景泉. 自动化生产线安装与调试. 北京：中国铁道出版社，2009.
[2] 孙佳海. 自动线的安装与调试. 北京：高等教育出版社，2010.
[3] 廖常初. 西门子人机界面（触摸屏）组态与应用技术. 北京：机械工业出版社，2008.
[4] 金沙. PLC 应用技术. 北京：中国电力出版社，2010.
[5] 牟志华，张海军. 液压与气动技术. 北京：中国铁道出版社，2010.

参考文献

[1] ...

[2] ...

[3] ...

[4] ...

[5] ...